iniciaDUAL

W0470217

# MATEMÁTICAS 1 ESO

## Volumen 2

Pedro Machín Polaina
María José Rey Fedriani (recursos TIC)

Oxford
EDUCACIÓN

# ÍNDICE

# Así vas a aprender

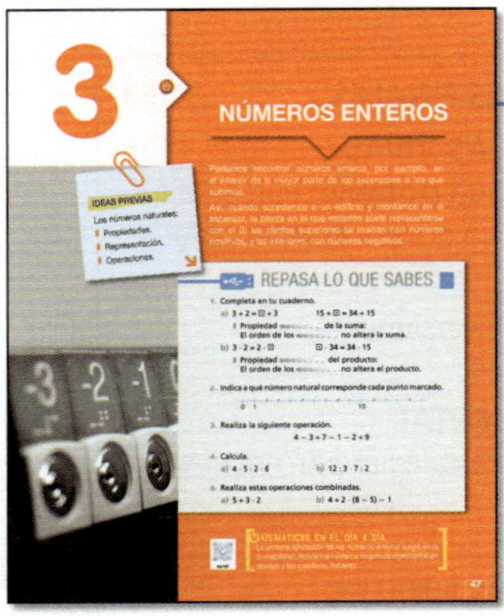


## PRESENTACIÓN DE LA UNIDAD

Introducción de la unidad a través de aplicaciones de las matemáticas.

Se incluye una sección, ***Repasa lo que sabes,*** con actividades para detectar los conocimientos previos sobre los contenidos y se destacan las ***Ideas previas*** necesarias.

En la sección ***Matemáticas en el día a día,*** se introduce un contenido WEB que puedes terminar de leer *online*.

## DESARROLLO DE LA UNIDAD

Los contenidos se introducen a través de **situaciones cotidianas.** Y en muchos casos se refuerzan con **ejercicios resueltos.**

Las **ideas principales** se resaltan en recuadros.

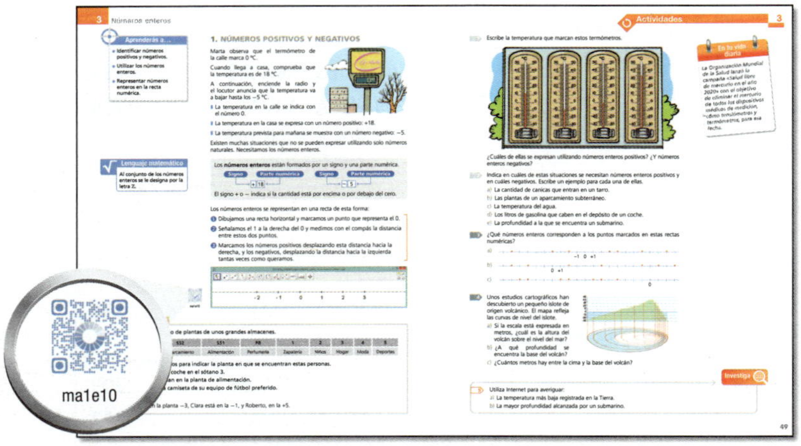


Junto con los contenidos puedes encontrar:

- Recursos TIC necesarios para comprender procedimientos, paso a paso. Puedes acceder a ellos utilizando los códigos QR o los enlaces correspondientes.
- Actividades de **aplicación directa** de las fórmulas y algoritmos, intercalando **ejercicios resueltos.**
- **Problemas** que requieren la utilización de los contenidos del epígrafe, dentro de un **contexto** sencillo.

  Todas las actividades propuestas están clasificadas por grado de dificultad: Fácil, Medio, Difícil.
- Un **desafío** o una **investigación**.

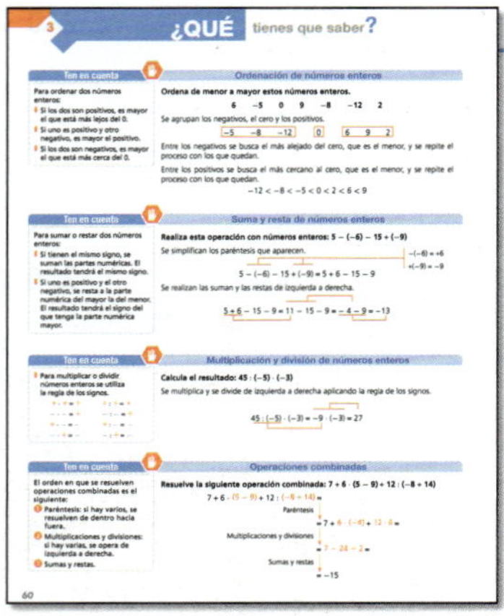


## ¿QUÉ TIENES QUE SABER?

Se resumen los procedimientos fundamentales para resolver las actividades y los problemas planteados en la unidad. Por medio de ejercicios resueltos puedes comprobar lo que has aprendido en cada unidad.

## ACTIVIDADES FINALES

Además, se incluyen tres páginas de actividades finales con el objetivo de afianzar contenidos y trabajarlos de modo global.

## MATEMÁTICAS VIVAS

Se trabaja la aplicación de las matemáticas, a partir de situaciones de la vida cotidiana.

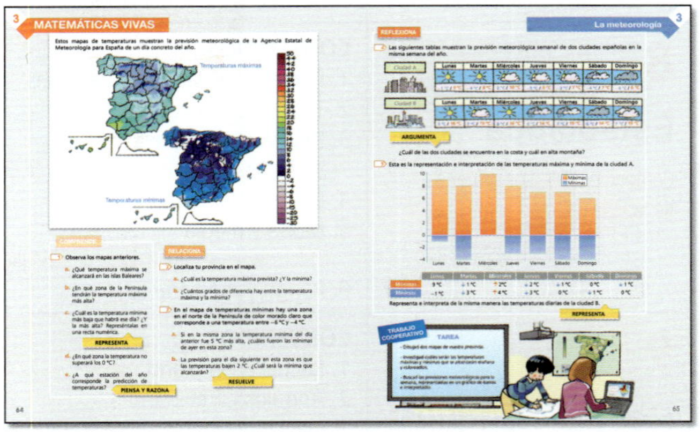


## CIERRE DE LA UNIDAD

**Avanza,** sección para introducir contenidos de mayor dificultad.

Además, la última página incluye una sección diferente según el bloque de contenidos al que pertenece cada unidad:

- Cálculo mental.
- Percepción visual.
- Estadística.

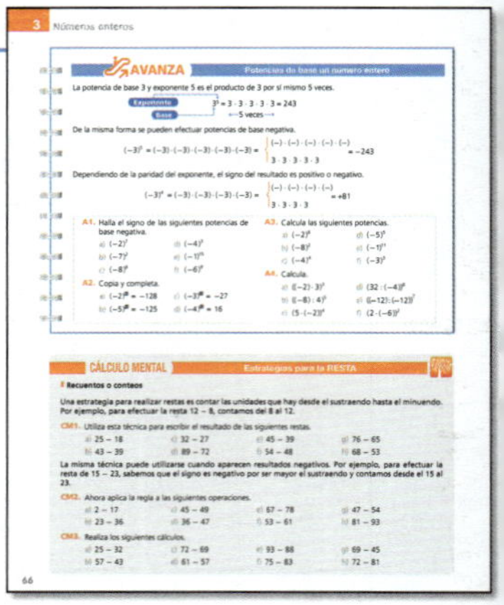


## LEE Y COMPRENDE LAS MATEMÁTICAS

Para trabajar la comprensión lectora desde las matemáticas así como la **resolución de problemas** se analizan noticias y artículos. Encontrarás resuelto el primer problema y a continuación podrás practicar con los propuestos.

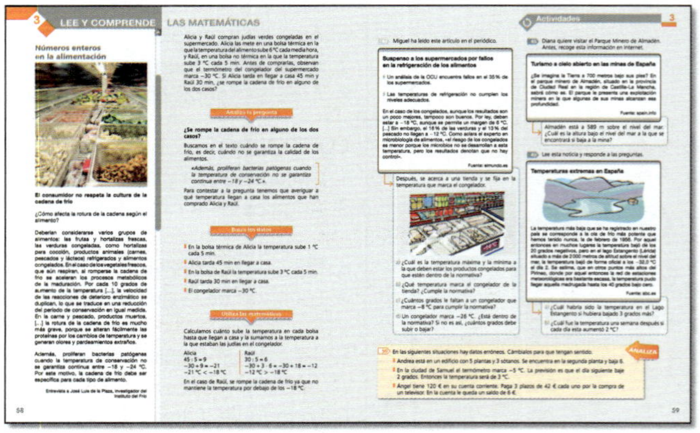

6

# INICIACIÓN AL ÁLGEBRA

## IDEAS PREVIAS

Los números enteros:

- Propiedad conmutativa, asociativa y distributiva.
- Sacar factor común.
- Operaciones inversas: suma y resta, multiplicación y división.

Existen situaciones en las que necesitamos representar un número desconocido por el momento. Para ello, lo sustituimos por una letra. Por ejemplo:

$$x$$

Cuando realizamos operaciones con esa letra, o lo que es lo mismo, con ese número desconocido, estamos utilizando lo que se conoce como *lenguaje algebraico:*

$$2 \cdot x + 3$$

Encontramos lenguaje algebraico en los sitios más insospechados, por ejemplo en los sellos. En 1971, Nicaragua emitió *Las 10 fórmulas matemáticas que cambiaron la faz de la Tierra,* una serie postal que consiste en diez fórmulas en lenguaje algebraico cuyo significado se explica en el reverso de cada sello.

## REPASA LO QUE SABES

**1.** Aplica la propiedad distributiva y resuelve.

**a)** $3 \cdot (5 + 2)$ **b)** $8 \cdot (12 - 7)$ **c)** $(-2) \cdot (4 - 1)$

**2.** Saca factor común en estas expresiones.

**a)** $4 \cdot 3 + 4 \cdot 5$ **b)** $12 \cdot 7 - 12 \cdot 3$ **c)** $8 \cdot 3 - 5 \cdot 3$

**3.** Observa y aplica la operación inversa en cada caso.

$3 + 2 = 5 \rightarrow 3 = 5 - 2$ $3 \cdot 2 = 6 \rightarrow 3 = 6 : 2$

$8 - 6 = 2 \rightarrow 8 = 2 + 6$ $8 : 4 = 2 \rightarrow 8 = 2 \cdot 4$

**a)** $8 + 4 = 12$ **c)** $5 \cdot 2 = 10$

**b)** $10 - 3 = 7$ **d)** $15 : 3 = 5$

ma1e22

### MATEMÁTICAS EN EL DÍA A DÍA

Hace más de 4 000 años, los egipcios ya resolvían ecuaciones de primer grado, en las que usaban la palabra *aha*, que significa montón, para designar una cantidad desconocida.

**Aprenderás a…**

- Identificar pautas o regularidades en secuencias numéricas y geométricas.

## 1. PAUTAS Y REGULARIDADES

Javier está construyendo triángulos con un juego de bolas y barras imantadas. Ha formado una serie como esta:

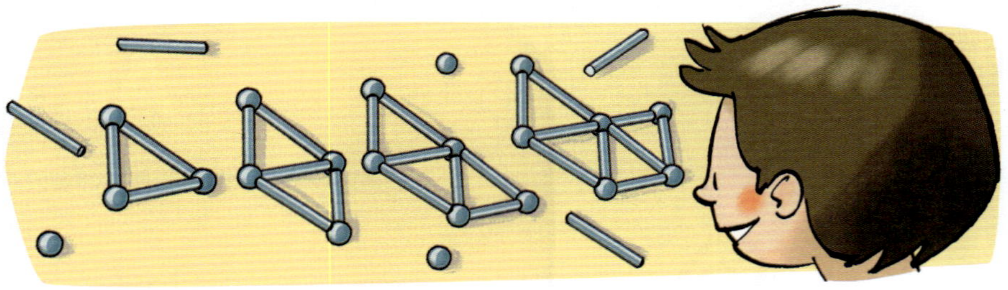

Nos fijamos en el número de triángulos de la serie, y en el número de bolas y barras que los forman:

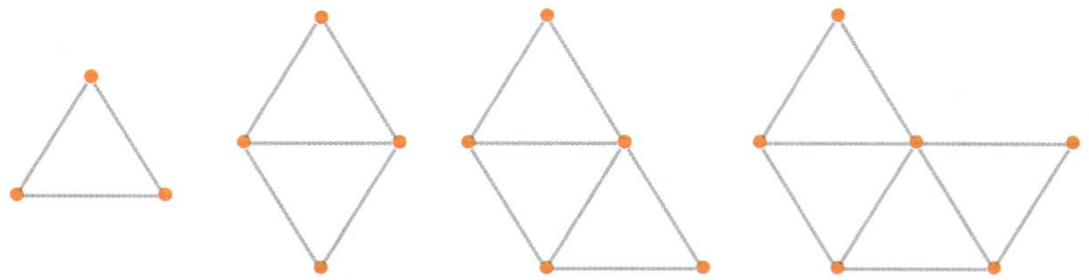

| N.° de triángulos | 1 | 2 | 3 | 4 |
|---|---|---|---|---|
| N.° de bolas | 3 | 4 | 5 | 6 |
| N.° de barras | 3 | 5 | 7 | 9 |

Observamos las series y nos preguntamos qué regla de construcción siguen:

- Número de bolas: comenzamos con 3 bolas y para el siguiente triángulo necesitamos 1 bola más.
- Número de barras: comenzamos con 3 barras y para el siguiente triángulo necesitamos 2 barras más.

Una **secuencia** es una serie de números o figuras en la que cada elemento se puede conocer mediante una regla de construcción.

**Lenguaje matemático**

Cuando queremos referirnos a un número cualquiera, solemos representarlo por la letra **ene** de número:

$n$

Para calcular un término cualquiera de una secuencia tenemos que tener en cuenta la posición que ocupa en ella ($n$). Así, en el ejemplo anterior resulta:

- Número de bolas: a cada número le corresponden 2 unidades más.
- Número de barras: a cada número le corresponde el doble, más 1 unidad.

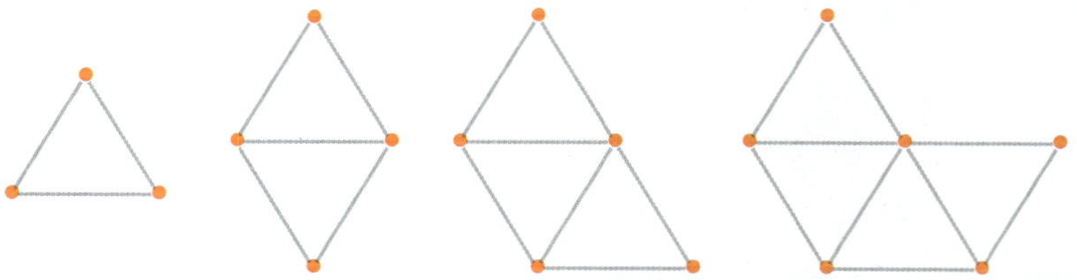

| Posición | 1 | 2 | 3 | $n$ |
|---|---|---|---|---|
| N.° de bolas | $1 + 2$ | $2 + 2$ | $3 + 2$ | $n + 2$ |
| N.° de barras | $2 \cdot 1 + 1$ | $2 \cdot 2 + 1$ | $2 \cdot 3 + 1$ | $2 \cdot n + 1$ |

1 Escribe el siguiente término de estas secuencias numéricas.

a) 2, 4, 6, 8, ...
b) 5, 10, 15, 20, ...
c) 3, 5, 7, 9, ...
d) 10, 100, 1 000, 10 000, ...

2 Observa y dibuja las dos figuras siguientes en tu cuaderno. Después, responde a las preguntas.

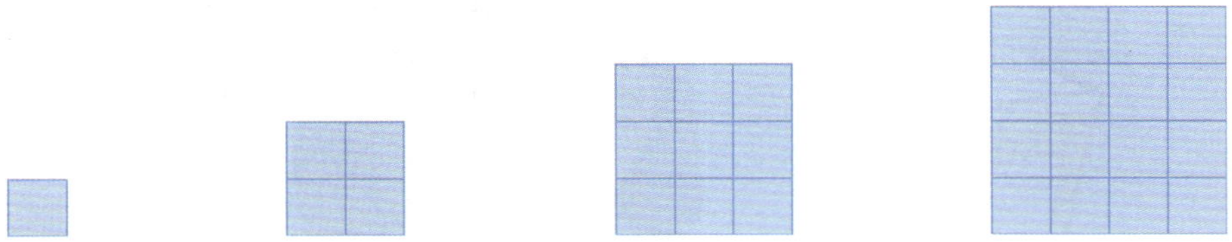

a) ¿Cuántos cuadrados tendrá la figura que ocupa la sexta posición?
b) ¿Cuántos tendrá la figura que ocupa la décima posición?
c) Si llamamos *n* a una posición cualquiera de las que puede ocupar la figura en la secuencia, ¿cuántos cuadrados tendrá la figura en la posición *n*?

3 Responde a las preguntas de la actividad anterior en el caso de estas secuencias geométricas.

(I)

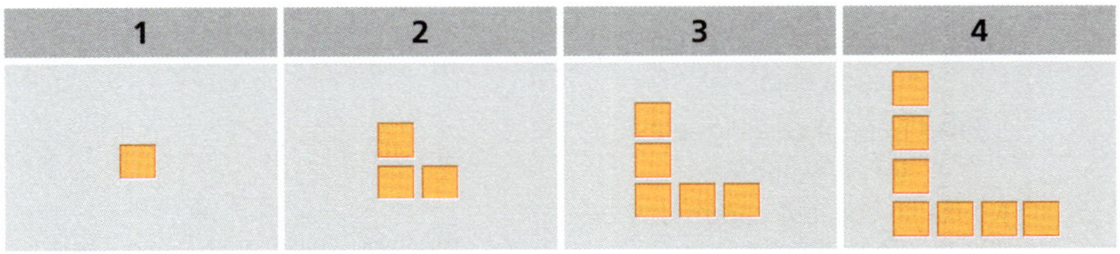


(II)

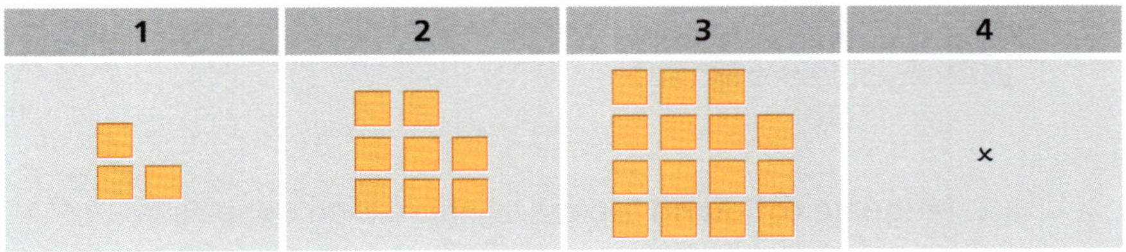


**Lenguaje matemático**

Una **secuencia geométrica** es una serie de figuras que siguen una regla de construcción.

4 Observa esta tabla y contesta en tu cuaderno.

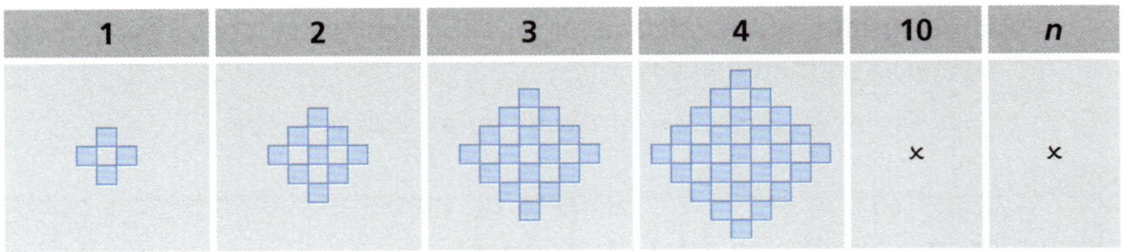


a) ¿Cuántos cuadrados grises tendrá la figura 10? ¿Y la *n*?
b) ¿Cuántos cuadrados azules tendrán las figuras anteriores?
c) ¿Cuántos cuadrados tendrán esas figuras en total?

**DESAFÍO**

5 Hay muchos test de inteligencia en los que aparecen secuencias de fichas de dominó y en los que hay que adivinar cuál será la siguiente. ¿Cuál de las opciones (A, B, C o D) corresponde a la ficha que falta en el ejemplo?

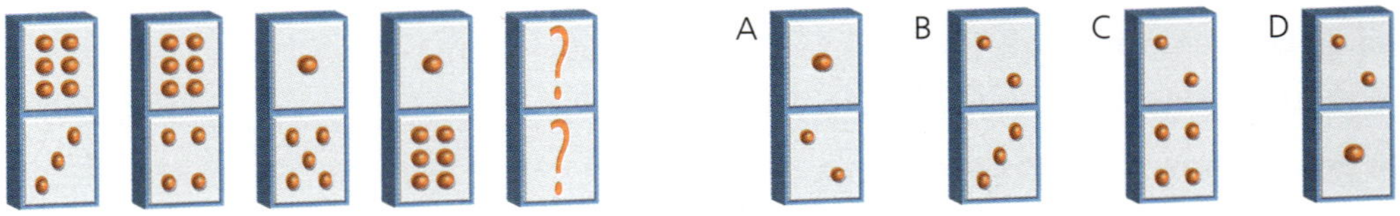

**Aprenderás a...**

- Diferenciar lenguaje cotidiano, numérico y algebraico.
- Traducir expresiones del lenguaje cotidiano al algebraico.

## 2. DEL LENGUAJE COTIDIANO AL ALGEBRAICO

Marta tiene dos cajas con caramelos. En la etiqueta de una de las cajas pone que contiene 40 caramelos, pero desconoce cuántos caramelos hay en la otra.

La caja amarilla tiene 40 caramelos. La caja rosa tiene $x$ caramelos.

¿Cuántos caramelos hay en cada una de estas situaciones?

| | Caja con 40 caramelos | Caja con $x$ caramelos |
|---|---|---|
| Marta añade 4 caramelos en cada caja. | $40 + 4$ | $x + 4$ |
| Marta tiene 4 cajas iguales de cada tipo. | $4 \cdot 40$ | $4 \cdot x$ |
| Marta se come 4 caramelos de cada caja. | $40 - 4$ | $x - 4$ |
| Marta se queda con la cuarta parte de caramelos de cada caja. | $\frac{40}{4}$ | $\frac{x}{4}$ |

- El **lenguaje cotidiano** expresa la información con palabras.
- El **lenguaje numérico** expresa la información con números y operaciones matemáticas.
- El **lenguaje algebraico** expresa la información con letras, números y operaciones matemáticas.

**Lenguaje matemático**

Cuando desconocemos el valor de un número, solemos representarlo por la letra **equis:**

$x$

Se puede representar también por cualquier otra letra.

**EJERCICIO RESUELTO**

¿Cómo se expresan en lenguaje numérico o algebraico estas situaciones?

- El triple de siete
- La mitad de la diferencia entre 100 y 12
- El doble de la diferencia entre un número y 3
- El doble de un número, menos tres

Solución

| | Lenguaje numérico | Lenguaje algebraico |
|---|---|---|
| **El triple de siete** | $3 \cdot 7$ | — |
| **La mitad de la diferencia entre 100 y 12** | $(100 - 12) : 2$ | — |
| **El doble de la diferencia entre un número y 3** | — | $2 \cdot (x - 3)$ |
| **El doble de un número, menos tres** | — | $2 \cdot x - 3$ |

**6** Indica si estas expresiones están escritas en lenguaje numérico o algebraico.

a) $9 + 3{,}2 \cdot 5$  c) $\dfrac{\sqrt{3 \cdot a}}{2b}$  e) $5 \cdot b^2 + 2 \cdot a$

b) $5{,}32 \cdot a + 7$  d) $\dfrac{3 \cdot 45 + \sqrt{3}}{25}$  f) $2 \cdot \sqrt{a} + 3 \cdot a$

**7** Relaciona en tu cuaderno cada enunciado con su traducción algebraica.

| Lenguaje cotidiano | Lenguaje algebraico |
|---|---|
| Un número, más 3. | $x^2 + 3$ |
| El doble de un número, más 3. | $x + 3$ |
| La mitad de un número, más 3. | $2x + 3$ |
| La mitad de la suma de un número más 3. | $(3 + x)^2$ |
| El cuadrado de la suma de un número más 3. | $\dfrac{x + 3}{2}$ |
| El cuadrado de un número, más 3. | $\dfrac{x}{2} + 3$ |

**Lenguaje matemático**

Cuando escribimos una multiplicación de un número por una letra, podemos prescindir del signo ·. Es decir:

$$2 \cdot x = 2x$$

**8** Expresa en lenguaje algebraico las siguientes expresiones.

a) El doble de un número.
b) La mitad de un número.
c) La suma de dos números distintos.
d) El cuadrado de un número.

**9** Escribe cada apartado en lenguaje algebraico.

a) La suma del doble de un número y el triple de otro.
b) La mitad de un número más su doble.
c) El producto de un número por su consecutivo.
d) La tercera parte de la suma de dos números distintos.
e) El producto de tres números consecutivos.

**Recuerda**

El número **consecutivo** a otro número es el que le sigue.

**10** Fíjate en las diferencias y expresa estas frases en lenguaje algebráico.

- La mitad de la suma de dos números.
- La suma de la mitad de dos números.

- El cuadrado de la suma de dos números.
- La suma de los cuadrados de dos números.

**Investiga**

**11** El origen del lenguaje algebraico hay que buscarlo en la civilización musulmana, en concreto en el período en el que vivió el matemático Al-khwarizmi, considerado el padre del Álgebra.

Investiga en Internet sobre los comienzos del Álgebra.

**Aprenderás a…**

- Comprender qué es una expresión algebraica.
- Hallar el valor numérico de una expresión algebraica.
- Reconocer los monomios como expresiones algebraicas.

## 3. EXPRESIONES ALGEBRAICAS

Juan mide el doble que su hermana María, menos 30 cm.

María mide $x$ cm y Juan mide $2x - 30$ cm.

Decimos que $2x - 30$ es una **expresión algebraica.**

Una **expresión algebraica** es una combinación de números, letras y operaciones matemáticas.

Si María mide 90 cm, ¿cuánto mide Juan?

Para calcularlo, sustituimos la estatura de María en la expresión que tenemos.

María mide $x$ cm.
María mide 90 cm. → $x = 90$

Juan mide $2x - 30$ cm.
$x = 90$ → $2 \cdot 90 - 30 = 180 - 30 = 150$

Juan mide 150 cm.

**Presta atención**

El valor numérico de una expresión algebraica varía según los valores que tengan las letras.

El **valor numérico** de una expresión algebraica es el número que se obtiene al sustituir las letras por su valor y realizar las operaciones indicadas.

### Monomios

Observa las siguientes expresiones algebraicas.

$$3x \qquad -5ab^6 \qquad \frac{3}{5}x^3y$$

Todas ellas son el producto de un número por una o varias letras.

| Monomio | Coeficiente | Parte literal | Grado del monomio |
|---|---|---|---|
| $3x$ | 3 | $x$ | 1 |
| $-5ab^6$ | $-5$ | $ab^6$ | $1 + 6 = 7$ |
| $\frac{3}{5}x^3y$ | $\frac{3}{5}$ | $x^3y$ | $3 + 1 = 4$ |

**Presta atención**

Estas expresiones no son monomios porque los exponentes de la parte literal no son números naturales.

$$x^{-1} \qquad x^{1/2} \qquad x^{y}$$

Un **monomio** es el producto de un número conocido **(coeficiente)** por una o varias letras **(parte literal)** cuyos exponentes son números naturales.

El **grado de un monomio** es la suma de los exponentes de las letras que lo forman.

**12** Expresa en lenguaje algebraico el área de cada uno de estos rectángulos.

a)
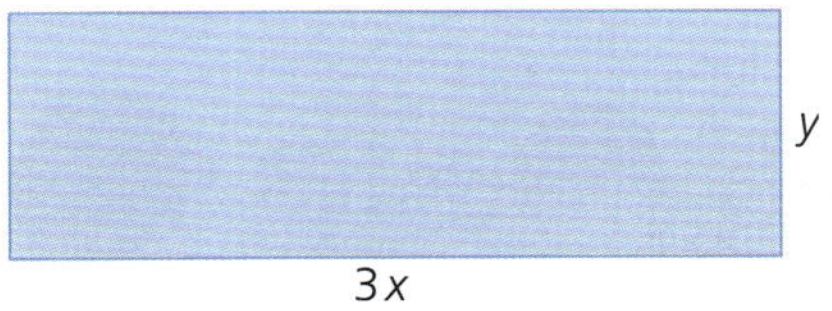


c)
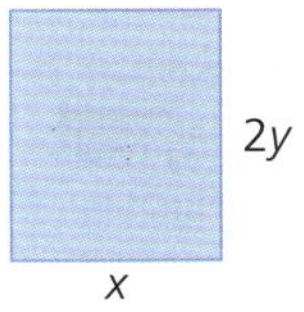


b)
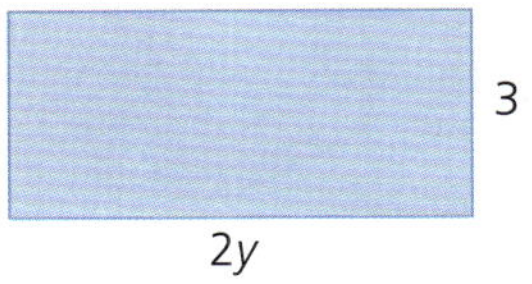


d)
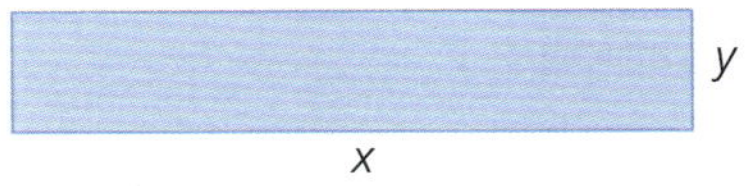


**Presta atención**

Recuerda que el área de un rectángulo es:

$A = \text{base} \cdot \text{altura}$

**13** Juan tiene $x$ años. ¿Cuántos años tienen estas personas?

a) Andrés tiene 5 años menos.
b) Rosa tiene 12 años más.
c) María tiene el doble de años.
d) Pedro tiene la mitad de años.

**14** Calcula el valor numérico de $x^2 - 2x$ para los siguientes valores de $x$:

a) $x = 2$
b) $x = 0$
c) $x = -1$
d) $x = -3$
e) $x = 10$
f) $x = -10$

**15** Calcula, para $x = 1$ e $y = -2$, el valor numérico de las siguientes expresiones algebraicas.

a) $x + y$
b) $2x - y$
c) $x - y^2$
d) $\dfrac{3x + y}{2}$
e) $2x^2 - y$
f) $3 + x^2 - \dfrac{3y}{2}$

**16** Señala cuáles de estas expresiones son monomios e indica su coeficiente, su parte literal y su grado.

a) $2b - a$
b) $2x^2y$
c) $25x^3y^5z$
d) $\dfrac{1}{2}xy^3$
e) $\dfrac{3xy}{2}$
f) $\dfrac{x}{2y}$

**17** Los datos del dibujo hacen referencia a los metros de largo y de ancho que tiene una parcela.

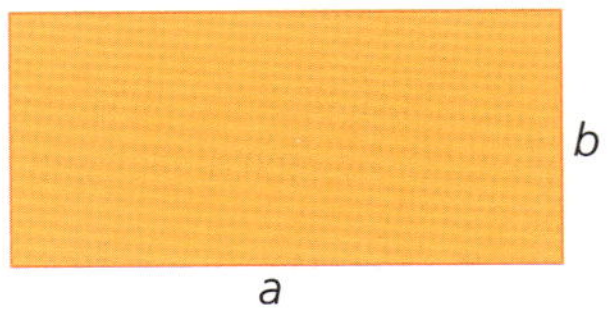


a) ¿Cuánto miden los lados de la parcela en total? Contesta con una expresión algebraica.
b) ¿Cuál es el área de la parcela?

**DESAFÍO**

**18** Traza varios caminos imaginarios desde el punto $A$ hasta el punto $B$ en cada cuadrícula. Indica la distancia que se recorre en cada trayecto.

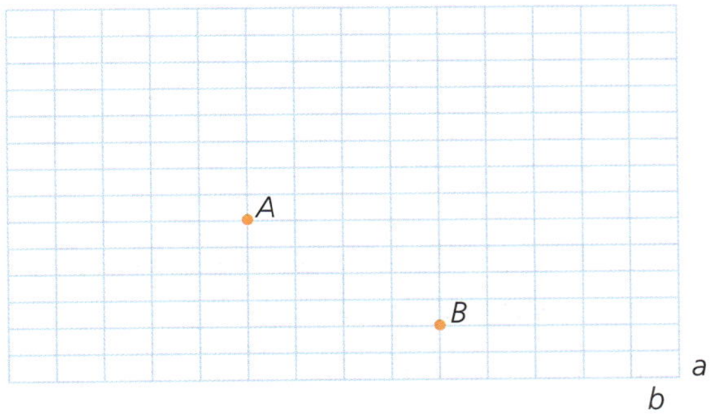


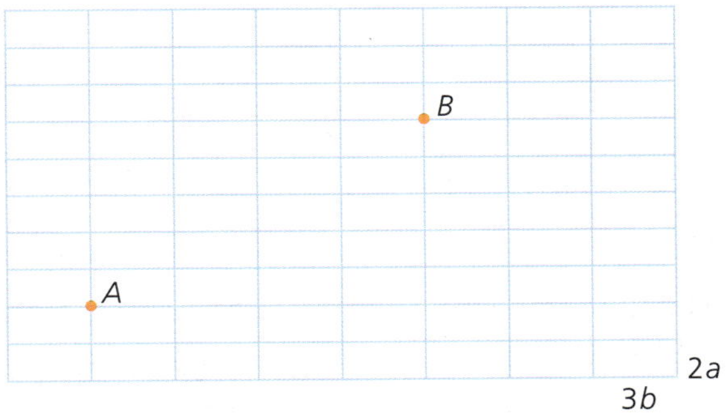

**Aprenderás a…**

- Reconocer monomios semejantes.
- Sumar y restar monomios.

## 4. SUMA Y RESTA DE MONOMIOS

En la papelería de Roberto, los bolígrafos y lapiceros tienen diferentes precios.

Bolígrafo: $x$

Lapicero: $y$

- Álvaro ha comprado 3 bolígrafos para su hijo y otros 2 bolígrafos para su hija.

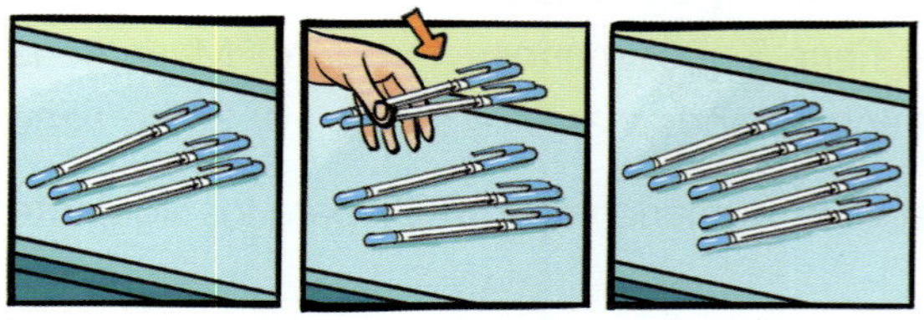

El precio total de su compra es:

$$3x + 2x = 5x$$

Los monomios $3x$ y $2x$ son **semejantes** porque tienen la misma parte literal.

Su suma o resta equivale a la suma o resta de sus coeficientes, manteniendo la misma parte literal: $3x + 2x = (3 + 2)x = 5x$

- En otra ocasión, Álvaro tiene que comprar 3 bolígrafos y 2 lapiceros.

El precio total de la compra se expresa así:

$$3x + 2y$$

Los monomios $3x$ y $2y$ no tienen la misma parte literal. En este caso, su suma o su resta se deja indicada: $3x + 2y$

- Eva compra 5 bolígrafos y 1 lapicero, pero, a la hora de pagar, deja 2 bolígrafos y coge un 1 lapicero más. ¿Cómo se expresa el precio de su compra?

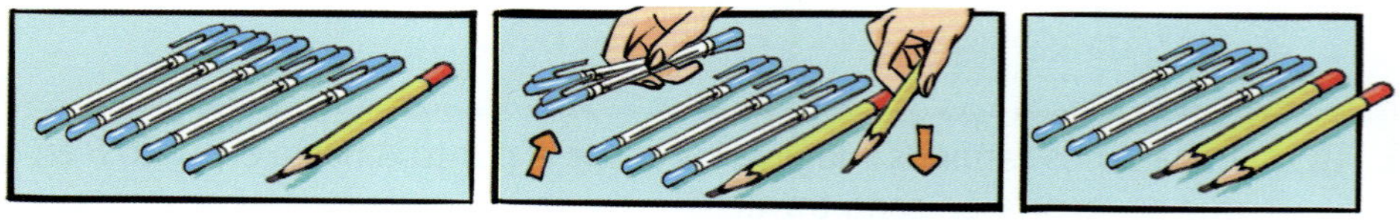

$$5x + y - 2x + y = 3x + 2y$$

En la expresión simplificamos los monomios que son semejantes y dejamos el resultado indicado con los monomios que no se pueden simplificar.

$$5x + y - 2x + y = (5 - 2)x + (1 + 1)y = 3x + 2y$$

Dos **monomios** son **semejantes** si tienen la misma parte literal.

La **suma o resta de monomios semejantes** es otro monomio con la misma parte literal y cuyo coeficiente es la suma o resta de los coeficientes.

La **suma o resta de monomios no semejantes** se deja indicada.

**Presta atención**

Un monomio formado solo por letras tiene de coeficiente 1.

$y \rightarrow$ coeficiente 1

**19** ¿Qué parejas de monomios son semejantes?

a) $x^2, -2x^2$

b) $12ab^2, 2a^2b$

c) $\frac{3xy}{2}, \frac{12yx}{5}$

d) $-12a^2, 12k^2$

e) $3abc$ , $2bca$

f) $\frac{2z^3}{3}, \frac{z^2}{3}$

**20** Agrupa estos monomios en monomios semejantes.

| | | | |
|---|---|---|---|
| $12x^2$ | $2xy^3$ | $x^2$ | $-x^3y$ |
| $-5x^3y$ | $yx^3$ | $-y^3x$ | $-6xy^3$ |
| $21x^3y$ | $4xy^3$ | $-2x^2$ | $3x^3y$ |

EJERCICIO RESUELTO

**Resuelve $5ab^2 + 7ab^2 - ab^2$.**

Solución

$$5ab^2 + 7ab^2 - ab^2 = (5 + 7 - 1)ab^2 = 11ab^2$$

**21** Suma los siguientes monomios.

a) $3x^2 + 5x^2$

b) $12ab + 7ab$

c) $14z + z$

d) $7xy^2 + 8xy^2$

e) $35x + 2x$

f) $a^3b + 4a^3b$

**22** Calcula estas restas.

a) $12x^2 - 5x^2$

b) $ab - 7ab$

c) $3z - z$

d) $5xy^2 - 6xy^2$

e) $5x - 12x$

f) $a^3b - 10a^3b$

EJERCICIO RESUELTO

**Resuelve $7ab^2 - 12a$.**

Solución

$7ab^2 - 12a \rightarrow 7ab^2$ y $12a$ no son semejantes, por tanto, la operación se deja indicada.

**23** Resuelve estas operaciones y deja indicadas las que no se puedan realizar.

a) $12xy^2 - 7xy^2$

b) $\frac{ab}{2} - \frac{ba}{3}$

c) $4pq^2 - \frac{1}{2}pq^2$

d) $5a^3 - 7a^2$

**24** Copia y completa en tu cuaderno.

a) $3x + \boxdot = 8x$

b) $\boxdot - x^2 = -7x^2$

c) $\boxdot + 5b^4 = -12b^4$

d) $-4ab^2 + \boxdot = 6ab^2$

e) $12xy - \boxdot = -xy$

f) $\boxdot + 5z^4 = 6z^4$

EJERCICIO RESUELTO

**Resuelve $12ab^2 - 5a + 13ab^2 + a$.**

Solución

$$12ab^2 - 5a + 13ab^2 + a = (12 + 13)ab^2 + (-5 + 1)a = 25ab^2 + (-4)a = 25ab^2 - 4a$$

**25** Simplifica.

a) $2 + 3x - 4 + 5x$

b) $3x^2 + 5x - x$

c) $4x^3 - 3x^2 - 8x^3 + 7x^2$

d) $2x - x + x^4 - x^2$

e) $15x^4 - x^2 + 3x^2 - 7x^2$

f) $-7x^2 - x + 2x^2$

**26** Reduce estas expresiones todo lo que puedas.

a) $2xy^2 - 5xy + 4xy^2 - xy$

b) $\frac{x}{2} + 3x^2 - \frac{2x}{3} + 1$

c) $-5x^2y - 3x + yx^2 + 12x$

d) $-\frac{2acb}{3} + 3ba - \frac{bca}{2} + ab$

DESAFÍO

**27** Ordena estas tarjetas para formar una igualdad.

**Aprenderás a...**

- Multiplicar varios monomios.
- Dividir dos monomios.

## 5. MULTIPLICACIÓN Y DIVISIÓN DE MONOMIOS

Sergio quiere multiplicar y dividir monomios. Recuerda que las letras en una expresión algebraica son números desconocidos, por lo que aplica las propiedades de los números.

### Multiplicar monomios

ma1e23

Para multiplicar monomios de coeficiente 1, hallamos el producto de potencias con la misma base...

$$x^3 \cdot x^2 = x \cdot x \cdot x \cdot x \cdot x = x^{3+2} = x^5$$

... sumando los exponentes.

Para multiplicar monomios con otros coeficientes...

$$5x^2 \cdot 3xy = 5 \cdot 3 \cdot x^2 \cdot x \cdot y = (5 \cdot 3) \cdot (x^2 \cdot x) \cdot y = 15x^3y$$

... aplicamos la propiedad conmutativa... ... y la asociativa.

**Presta atención**

El producto de dos monomios siempre es otro monomio.

Para **multiplicar dos monomios,** se multiplican, por un lado, los coeficientes y, por otro, las partes literales.

### Multiplicar un número por una suma o resta de monomios

Cuando un número multiplica a una suma o una resta de monomios, podemos simplificar la expresión.

Propiedad distributiva

$$3 \cdot (2x - 5y) = 3 \cdot 2x - 3 \cdot 5y = 6x - 15y$$

Para **multiplicar un número por una suma o una resta de monomios,** se multiplica el número por cada monomio.

### Dividir monomios

ma1e24

Para dividir monomios de coeficiente 1, dividimos potencias de la misma base...

$$x^5 : x^3 = \frac{x \cdot x \cdot x \cdot x \cdot x}{x \cdot x \cdot x} = x^{5-3} = x^2$$

... restando los exponentes.

$$6x^2 : 3x^2 = \frac{6x^2}{3x^2} = \frac{6}{3} \cdot \frac{x^2}{x^2} = 2 \cdot x^{2-2} = 2 \cdot x^0 = 2 \cdot 1 = 2$$

Para dividir monomios con otros coeficientes...

$$12x^7 : 4x^2 = \frac{12x^7}{4x^2} = \frac{12}{4} \cdot \frac{x^7}{x^2} = 3 \cdot x^{7-2} = 3x^5$$

... dividimos los coeficientes y las partes literales.

Para **dividir dos monomios,** se dividen, por un lado, los coeficientes y, por otro, las partes literales.

**28** Realiza las siguientes multiplicaciones de monomios.

a) $2a \cdot 2a$ c) $3a^2 \cdot 4a^4$ e) $5a \cdot 2y^4$

b) $2a \cdot 2b$ d) $a^7 \cdot a^3$ f) $2a^2 \cdot 2y^2$

**29** Halla los siguientes productos.

a) $3x \cdot 2xy \cdot x^2y$ c) $(-2ab^2) \cdot a^3b \cdot (-3b)$

b) $2xz^3 \cdot (-y^2) \cdot 5x^3yz^2$ d) $(-3xy) \cdot (-2x^2y) \cdot (-4xy^2)$

**30** Fíjate en las fracciones de monomios y resuelve los productos.

a) $\frac{2}{3}x^2 \cdot \frac{6}{5}x^3$ c) $\frac{ab^2}{2} \cdot \frac{a^3b}{7}$ e) $\frac{-3x^2y}{2} \cdot \frac{5xy}{3}$

b) $\frac{7}{2}xy^2 \cdot 4x^3$ d) $7xz^5 \cdot \frac{4xz}{14}$ f) $-\frac{5x^6}{7} \cdot \frac{-3x^2y}{5}$

**31** Simplifica.

a) $3 \cdot (1 + 2x)$ c) $5a \cdot (a + b)$ e) $2a \cdot (a + b + c)$

b) $5x \cdot (4 - x)$ d) $7a^2 \cdot (a - b)$ f) $(7 + 8x) \cdot x^2$

**32** Expresa como suma y resta de monomios.

a) $(4a^2 + a - 3) \cdot 2a^2$ c) $3xy \cdot (x + 2y + 3x - y)$

b) $(5ab^3 - 12a^2b^3) \cdot 3ab^2$ d) $3xy \cdot (5xy^2 + 3xy^2)$

**33** Desarrolla las potencias del numerador y denominador de estas fracciones de monomios para realizar la división.

a) $\frac{x^6}{x^3}$ c) $\frac{yz^2}{yz}$ e) $\frac{xy^3z^2}{yz}$

b) $\frac{y^5}{y^2}$ d) $\frac{x^2y^3}{x}$ f) $\frac{xy^2z}{xyz}$

**34** Realiza las siguientes divisiones.

a) $8x^2 : (2x)$ c) $10y^6 : (2y)$ e) $14x^5 : (2x)$

b) $15y^4 : (5y^2)$ d) $16b^6 : (8b^6)$ f) $9z^2 : z^2$

**35** Halla estos cocientes.

a) $8xy^2 : (4x)$ c) $12x^5y^2 : (2xy)$

b) $105xy^4 : (5y^2)$ d) $32ab^2c^2 : (8abc^2)$

**36** Piensa y escribe una división de monomios de la que resulte:

a) Un número.

b) Un monomio.

**DESAFÍO**

**37** Ordena estas tarjetas para formar dos igualdades que sean correctas.

**Aprenderás a…**

- Reconocer identidades y ecuaciones.
- Identificar los elementos principales de una ecuación.
- Conocer el concepto de solución de una ecuación.

## 6. ECUACIONES

¿Cuántas canicas hay en cada caja?

Traducimos al lenguaje algebraico.

Llamamos $x$ al número de canicas que hay en cada caja.

| $x + x = 2x$ | $x + 20 = 50$ |
|---|---|
| Cualquier valor de $x$ hace cierta la igualdad. | Solo algunos valores de $x$ hacen cierta la igualdad. |
| $x = 1 \rightarrow 1 + 1 = 2 \cdot 1$ | $x = 30 \rightarrow 30 + 20 = 50$ |
| $x = -3 \rightarrow (-3) + (-3) = 2 \cdot (-3)$ | $x = -1 \rightarrow (-1) + 20 \neq 50$ |
| … | $x = -10 \rightarrow (-10) + 20 \neq 50$ |
| $x + x = 2x$ es una **identidad.** | $x + 20 = 50$ es una **ecuación.** |

Una igualdad entre dos expresiones algebraicas puede ser:

- Una **identidad** si cualquier valor de las letras hace cierta la igualdad.
- Una **ecuación** si solo algunos valores de las letras hacen cierta la igualdad.

### Elementos de una ecuación

Los elementos de una ecuación son:

- **Miembros**: expresiones algebraicas que se encuentran a cada lado de la igualdad.
- **Términos**: cada uno de los sumandos que aparecen en cada miembro.
- **Incógnitas**: las letras que figuran en las expresiones algebraicas.
- **Grado de la ecuación**: el mayor grado de los términos que hay en la ecuación.

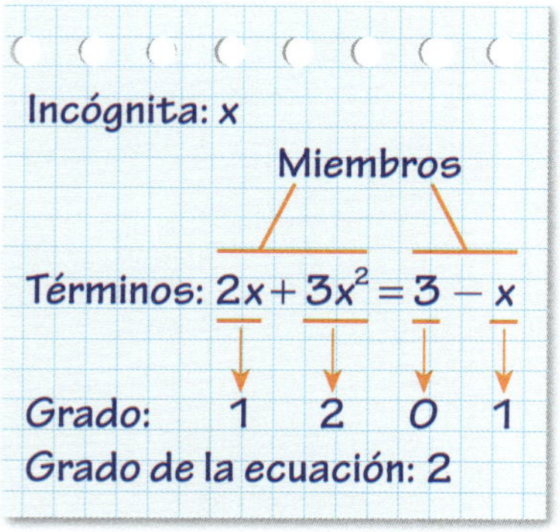


### Soluciones de una ecuación

¿Qué valor de $x$ hace que se cumpla la ecuación $3x - 1 = 2x + 3$?

- Si $x = 1$, sustituimos en los dos miembros de la ecuación:

$3 \cdot 1 - 1 = 3 - 1 = 2$
$2 \cdot 1 + 3 = 2 + 3 = 5$ — $2 \neq 5 \rightarrow x = 1$ no es solución de la ecuación.

- Si $x = 4$, sustituimos en los dos miembros de la ecuación:

$3 \cdot 4 - 1 = 12 - 1 = 11$
$2 \cdot 4 + 3 = 8 + 3 = 11$ — $11 = 11 \rightarrow x = 4$ es solución de la ecuación.

Las **soluciones de una ecuación** son los valores que toman las incógnitas para que se cumpla la igualdad.

**38** Decide si las siguientes igualdades son identidades o ecuaciones.

a) $2x + 1 = 1 + 2x$ c) $5x - x = 4x$ e) $6x - 5x = 2$
b) $x + 5 = 8$ d) $12 - x = 3$ f) $x + x + x = 3x$

**39** ¿Cuáles son las incógnitas en estas ecuaciones?

a) $8x = 16$ c) $2a + 5 = a^2$ e) $xy + 1 = x$
b) $12 - b = 3$ d) $x + 12 = 3y$ f) $5z - x = 4zx$

**40** Observa e indica el grado de cada una de las ecuaciones.

a) $x - 5x = 12$ c) $x^4 - x^2 = 4x$ e) $xy + 5 = 8y$
b) $2x + 12 = x^3$ d) $x + x^3 + x^2 = 3$ f) $xyz - 8 = 0$

**41** Forma ecuaciones con las piezas del puzle.

a) Escribe la ecuación correspondiente en cada caso.
b) Indica cuáles son los términos de cada una de ellas.

**42** Averigua cuál de los siguientes valores es solución de la ecuación:

$$\frac{3x - 1}{2} + 5 = 2x + 3$$

a) 0 b) −1 c) 3 d) 2

**43** Copia la tabla en tu cuaderno e indica los valores numéricos que son solución de cada ecuación.

| Ecuación | Valores numéricos | | | |
|---|---|---|---|---|
| | $x = 1$ | $x = 2$ | $x = 0$ | $x = -1$ |
| $2x + 1 = 7 - x$ | × | × | × | × |
| $\frac{x^2 - 1}{2} = x + 1$ | × | × | × | × |
| $x^2 - x - 2 = 0$ | × | × | × | × |

**44** Establece, en cada caso, un valor de $x$ que resuelva la ecuación.

a) $x + 1 = 5$ c) $2x + 1 = 11$ e) $4x + 1 = 21$
b) $x - 2 = 6$ d) $3x = 12$ f) $5x + 2 = 12$

**DESAFÍO**

**45** Si las dos primeras balanzas están en equilibrio, ¿cuántas canicas se necesitan en la última para que también esté equilibrada?

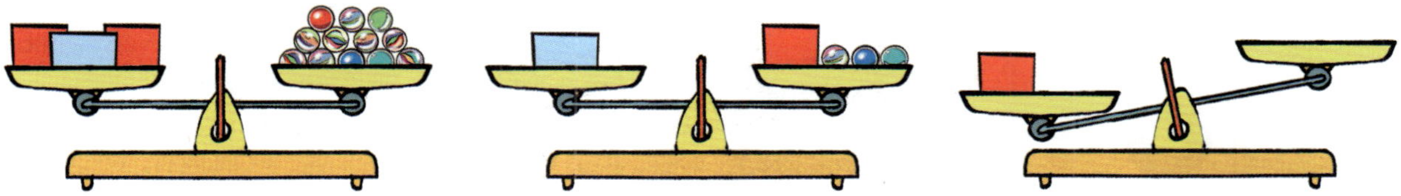

**Aprenderás a…**

- Hallar ecuaciones equivalentes a una dada.
- Resolver ecuaciones de primer grado con una incógnita.

## 7. ECUACIONES DE PRIMER GRADO

Maya tiene que resolver estas dos ecuaciones. Le informan de que ambas tienen las mismas soluciones, así que decide resolver la más sencilla.

$$\frac{x+3}{2}+1=4 \qquad\qquad x+3=6$$

**Resolver una ecuación** es hallar sus soluciones, es decir, hallar los valores de las incógnitas que cumplen la igualdad.

Dos **ecuaciones** son **equivalentes** si tienen las mismas soluciones.

Para obtener ecuaciones equivalentes podemos utilizar diferentes reglas.

### Regla de la suma

Si a los dos miembros de una ecuación se le suma o resta el mismo número o expresión algebraica, se obtiene una ecuación equivalente.

$$3x-3=2x$$

- Si sumamos 3 a cada miembro: $3x-3+\mathbf{3}=2x+\mathbf{3}$
- Obtenemos una ecuación equivalente: $3x=2x+3$

### Regla del producto

Si los dos miembros de una ecuación se multiplican o dividen por el mismo número distinto de cero, se obtiene una ecuación equivalente.

$$\frac{2x}{3}=4$$

- Si multiplicamos por 3 cada miembro: $\frac{2x}{3}\cdot\mathbf{3}=4\cdot\mathbf{3}$
- Obtenemos una ecuación equivalente: $2x=12$

Para hallar el valor de *x* en una ecuación, tenemos que dejar la *x* sola en uno de los miembros. Esto se llama **despejar la incógnita.**

**Recuerda**

- La suma y la resta son operaciones inversas.
- La multiplicación y la división son operaciones inversas.

**Lenguaje matemático**

Cuando simplificamos términos en una ecuación decimos que **reducimos términos**.

**EJERCICIO RESUELTO**

▶ Resuelve la ecuación: $3x-2=6+x$

Solución

ma1e25

$$3x-2=6+x$$

Eliminamos el -2 aplicando la regla de la suma.

$$3x-2+2=6+x+2$$

En la práctica, pasamos el 2 que está restando en un miembro sumando en el otro.

Reducimos términos.

$$3x=6+x+2$$

$$3x=8+x$$

Eliminamos la x aplicando la regla de la suma.

$$3x-x=8+x-x$$

En la práctica, pasamos la x que está sumando, restando en el primer miembro.

Reducimos términos.

$$3x-x=8$$

$$2x=8$$

Eliminamos el 2 aplicando la regla del producto.

$$\frac{2x}{2}=\frac{8}{2}$$

En la práctica, pasamos el 2 que está multiplicando en un miembro dividiendo en el otro.

$$x=4$$

**46** Halla ecuaciones equivalentes aplicando la regla de la suma.

a) $x + 5 = 7$
b) $2 + x = 1$
c) $6 = x + 8$
d) $12 = x - 3$
e) $8 = 12 - x$
f) $15 - x = 20$

**47** Aplica la regla del producto para obtener ecuaciones equivalentes.

a) $2x = 8$
b) $4 = \frac{x}{3}$
c) $\frac{x}{5} = 2$
d) $12 = 3x$
e) $5x = 25$
f) $\frac{2x}{3} = 4$

## EJERCICIO RESUELTO

**Resuelve la ecuación $x + 2 = 6 - 3x$.**

**Solución**

Recordamos que hay que despejar la $x$ y realizamos estos pasos:

$x + 2 = 6 - 3x$ — El 2 que está sumando, pasa al otro miembro restando.

$x = 6 - 3x - 2$

$x = 4 - 3x$ — El $3x$ que está restando, pasa al otro miembro sumando.

$x + 3x = 4$

$4x = 4$ — El 4 que está multiplicando, pasa al otro miembro dividiendo.

$x = \frac{4}{4} = 1$

**48** Resuelve estas ecuaciones.

a) $2x - 3 = 5 + x$
b) $8x - 3 = 5 + 7x$
c) $12x + 7 = -1 + 11x$
d) $3 - 2x = 5 - 3x$
e) $-x + 7 = 12 - 2x$
f) $4x + 2 = 1 + 3x$

**49** Halla el valor de $x$ en las siguientes ecuaciones.

a) $2x + 5 = 7$
b) $12 = 6 + 9x$
c) $5 - x = 3x + 7$
d) $7 + 3x = 4x + 5$
e) $3x + 7 = -2 + 5x$
f) $6x + 12 = 3 - 2x$

**50** Copia y completa para que los valores numéricos de $x$ sean solución de la ecuación.

a) $2x + \square = 3$, para $x = 1$
b) $\square + 3x = 15$, para $x = 4$
c) $2 - 3x = \square$, para $x = -1$
d) $3x = x + \square$, para $x = 2$

**51** ¿Cuál es el valor de $x$ en cada caso?

a) $3x - 5 - 5x = 2 + 3x - 12$
b) $-6 + 2x + 12 = x - 3 - 4x$
c) $7x + 3 = x - 3x + 5 - 2x$
d) $1 - 2x + 4x = 12 - 5x + 3 - 2x$

## EJERCICIO RESUELTO

**Resuelve $3x = 5 - 2(3 - 5x)$.**

**Solución**

1. Aplicamos la propiedad distributiva para eliminar el paréntesis.

$$3x = 5 - 2(3 - 5x)$$
$$3x = 5 - 6 + 10x$$
$$3x = -1 + 10x$$

2. Despejamos la incógnita.

$$3x = -1 + 10x \rightarrow 1 = 10x - 3x \rightarrow 1 = 7x \rightarrow \frac{1}{7} = x$$

**52** Resuelve las siguientes ecuaciones.

a) $-5 = 4x + 2(5x - 1)$
b) $2x + 2(x - 3) = 5 - x$
c) $3x - 1 = 5 + 3(2 - 3x)$
d) $2(4 - 3x) = 5 - 7x + 2$

**53** Elimina paréntesis y resuelve.

a) $3 - 2(x - 3) = 4$
b) $5x - 4 = 3 - 2(3 - 2x)$
c) $3x = 2x - (6 - 3x)$
d) $4x - 5(1 - 2x) = 4 - 5x$

## DESAFÍO

**54** En una heladería, la bola de cada variedad tiene un precio distinto. ¿Cuánto cuesta cada una?

## Ecuaciones cinematográficas

**Entradas gratis para el estreno de la última película de ciencia ficción de la directora Olivia Heins**

Las entradas para la última entrega de la saga *Super Science Heroes,* de la joven directora Olivia Heins, se han puesto a disposición del público. Esta vez no tienes que pagar para conseguir una entrada, sino que tienes que ser un auténtico as de las matemáticas y ser capaz de resolver el reto «cinematemático» que te propone la productora.

El reto es el siguiente:

*Una entrada de cine es más cara que una caja de palomitas. De hecho, la entrada de cine cuesta el doble que la caja de palomitas.*

*Si una persona paga 21 € por tres entradas de cine y una caja de palomitas, ¿cuánto cuesta una entrada? ¿Y la caja de palomitas?*

*Dale vueltas al coco y consigue tu entrada gratis para* Super Science Heroes III*... ¡Y disfruta de la ciencia!*

Los institutos y colegios animan a sus estudiantes a participar en el concurso. Basta con introducir tus datos y la resolución del reto en la página web de la película.

Todas las soluciones correctas tendrán premio. Las 1 500 primeras respuestas válidas obtendrán una entrada gratis, y el resto recibirá el guion de la película en versión digital y firmado por los protagonistas de la saga. Merece mucho la pena saber matemáticas, ¿o no?

Berta es una de las mayores fans de la saga *Super Science Heroes*. Fue de las primeras en enviar la resolución del reto a través de la página web de la película.

Desde la productora, la han felicitado por su forma sencilla y clara de explicar la resolución del problema.

Veamos los pasos que siguió en su explicación.

### Analiza la pregunta

**¿Cuánto cuesta una entrada? ¿Y una caja de palomitas?**

Para contestar a las preguntas, tenemos que definir una incógnita, por ejemplo:

$x$ = precio de la caja de palomitas

### Busca los datos

- Primero damos nombre a los datos a partir de la incógnita:

  $x$ = precio de la caja de palomitas

  ↓

  $2x$ = precio de la entrada de cine

- Después planteamos una ecuación que resuelva las preguntas:

  3 entradas · precio entrada + precio palomitas = 21 €

  $$3 \cdot 2x + x = 21$$

### Utiliza las matemáticas

Calculamos el precio de la entrada y el precio de las palomitas mediante la resolución de la ecuación:

$$3 \cdot 2x + x = 21 \rightarrow 6x + x = 21 \rightarrow 7x = 21$$

$$x = \frac{21}{7} \rightarrow x = 3$$

Por tanto:

$x$ = precio de las palomitas → Las palomitas cuestan 3 €.

$2x$ = precio de la entrada → La entrada de cine cuesta 6 €.

Comprobamos el resultado:

$$3 \cdot 6 + 3 = 21$$

**55** Un número más su consecutivo suman 47.

a) Expresa un número en lenguaje algebraico.

b) Escribe el consecutivo de un número en lenguaje algebraico.

c) Escribe la ecuación que represente al enunciado.

d) Resuelve la ecuación. ¿De qué número se trata?

**56** El triple de un número menos 12 es igual a dicho número más 6.

a) Escribe el triple de un número menos 12 en lenguaje algebraico.

b) Expresa un número más 6 en lenguaje algebraico.

c) Relaciona los apartados anteriores mediante una ecuación según el enunciado.

d) ¿Cuál es ese número?

**57** Juan es el mediano de tres hermanos. Su hermana mayor tiene 6 años más, y el menor, 10 años menos que Juan. ¿Cuál es la edad de cada uno si entre los tres suman 41 años?

**58** Luisa reparte 150 € entre sus tres nietos de forma que el mayor recibe el doble y 2 € más que el pequeño, y el mediano, 12 € más también con respecto al pequeño. ¿Cuánto dinero recibe cada nieto?

**59** Ismael ha comprado 3 lapiceros y 2 borradores. No recuerda el precio de cada artículo, pero sí que pagó 3,25 €. También recuerda que un lapicero era 0,25 € más barato que un borrador. ¿Cuánto cuesta cada artículo?

**60** Belén ha metido sus vasos en una caja para hacer una mudanza. La caja se le cae y le quedan el doble de vasos intactos que rotos. Si Belén tenía 39 vasos, ¿cuántos vasos rotos e intactos tiene?

**61** La edad del padre de Iván es el triple que la de su hijo y dentro de 10 años tendrá el doble. ¿Cuántos años tiene Iván ahora?

**62** Los dos máximos goleadores de un equipo han marcado 52 goles. Si uno ha anotado 2 tantos más que el otro, ¿cuántos metieron cada uno?

**63** En un garaje hay estacionados 30 vehículos entre coches y motos. Si en total hay 104 ruedas, ¿cuántos coches y cuántas motos hay en el aparcamiento?

**64** ¿Cuántos caramelos tiene Edurne?

**65** Una madre tiene 42 años, y su hijo, 7 años. ¿Cuántos años tienen que pasar para que la madre tenga el doble de edad que el hijo?

**66** Sara tiene 18 monedas, unas de 50 CENT y otras de 20 CENT. ¿Cuántas monedas tiene si todas juntas suman 5,70 €?

**67** Completa en tu cuaderno estos enunciados para que su ecuación correspondiente tenga sentido. **ANALIZA**

a) La edad de Juan hace tres años...
$2(x-3)=x+5$

b) La edad de tres hermanos...
$(x+5)+x+(x-7)=33$

c) María ha comprado 6 kilos de fruta, entre naranjas y manzanas...
$1{,}20x+1{,}80(6-x)=9{,}60$

6

# ¿QUÉ tienes que saber?

## Ten en cuenta

El **lenguaje algebraico** expresa la información con letras, números y operaciones matemáticas.

## Lenguaje algebraico

**Traduce a lenguaje algebraico.**

**a) El doble de un número.**

**b) El doble de un número, más tres.**

**c) El cuadrado de la suma de un número más tres.**

a) $2 \cdot x$

b) $2 \cdot x + 3$

c) $(x + 3)^2$

## Ten en cuenta

El **valor numérico** de una expresión algebraica es el número que se obtiene al sustituir las letras por su valor y realizar las operaciones indicadas.

Este valor numérico varía según los valores que tengan las incógnitas.

## Valor numérico de una expresión algebraica

**Calcula el valor numérico de $3x^2 - xy$ para los valores $x = -1$ e $y = 2$, y para los valores $x = 3$ e $y = -2$.**

$3x^2 - xy$

- $x = -1$, $y = 2$: $3 \cdot (-1)^2 - (-1) \cdot y = 3 \cdot 1 + 1 \cdot y = 3 + y = 3 + 2 = 5$
- $x = 3$, $y = -2$: $3 \cdot 3^2 - 3 \cdot y = 3 \cdot 9 - 3y = 27 - 3y = 27 - 3 \cdot (-2) = 27 + 6 = 33$

## Ten en cuenta

- La **suma o resta de monomios semejantes** es otro monomio con la misma parte literal y cuyo coeficiente es la suma o resta de los coeficientes de los monomios.
- Para **multiplicar o dividir dos monomios,** se multiplican o dividen, por un lado, los coeficientes y, por otro, las partes literales.

## Operaciones con monomios

**Realiza estas operaciones con monomios.**

**a)** $7xy^2 + 3xy^2$

**b)** $7xy^2 - 3xy^2$

**c)** $6x^5y^3 \cdot 3x^2y$

**d)** $6x^5y^3 : (3x^2y)$

a) $7xy^2 + 3xy^2 = (7 + 3) \cdot xy^2 = 10xy^2$

b) $7xy^2 - 3xy^2 = (7 - 3) \cdot xy^2 = 4xy^2$

c) $6x^5y^3 \cdot 3x^2y = (6 \cdot 3) \cdot (x^5 \cdot x^2) \cdot (y^3 \cdot y) = 18 \cdot x^{5+2} \cdot y^{3+1} = 18x^7y^4$

d) $6x^5y^3 : (3x^2y) = (6 : 3) \cdot (x^5 : x^2) \cdot (y^3 : y) = 2 \cdot x^{5-2} \cdot y^{3-1} = 2x^3y^2$

## Ten en cuenta

- **Regla de la suma**: se suma o se resta el mismo número o expresión algebraica a los miembros de una ecuación.
- **Regla del producto**: se multiplican o se dividen los miembros de una ecuación por el mismo número distinto de 0.

## Ecuaciones de primer grado con una incógnita

**Resuelve $7x - 3 = 5x - 7$.**

$$7x - 3 = 5x - 7 \rightarrow 7x - 5x = -7 + 3 \rightarrow 2x = -4 \rightarrow x = -\frac{4}{2} = -2$$

Regla de la suma (primer paso) · Regla del producto (último paso)

## Pautas y regularidades

**68** Escribe el siguiente término en cada caso.

a) 3, 6, 9, 12, 15, …

b) 3, 5, 7, 9, 11, …

c) 5, 50, 500, 5 000, …

d) 1, 4, 9, 16, 25, …

**69** Escribe los cinco primeros números de estas secuencias, en las que $n$ indica el valor de la posición que ocupan.

a) $3n - 2$ c) $n^3$

b) $2n^2$ d) $3n^2 - n$

**70** Observa la tabla.

| Posición | 1 | 2 | 3 | 4 |
|---|---|---|---|---|
| Figura | | | | × |
| N.º de bolas | 1 | 3 | 6 | × |

a) ¿Cuántas bolas tendrá la figura que ocupa la cuarta posición?

b) ¿Cuántas tendrá la que ocupa la sexta posición?

**71** Observa y contesta a las siguientes preguntas.

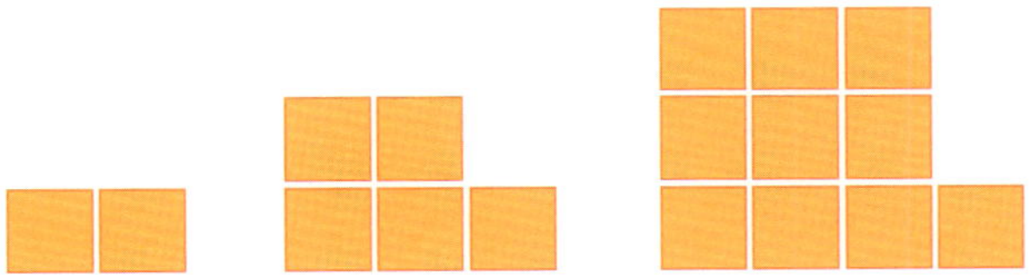

Explica tus respuestas con ayuda del dibujo.

a) ¿Cuántos cuadrados tendrá la figura que ocupa la cuarta posición en la secuencia?

b) ¿Y la que ocupa la décima posición?

c) ¿Cuántos cuadrados tendrá la figura que ocupa el lugar $n$ en la secuencia?

**72** Fíjate en la siguiente sucesión de cubos.

a) ¿Cuántos cubos hay en la segunda posición?

b) ¿Y en la tercera?

c) Dibuja la construcción que ocupa la cuarta posición y di cuántos cubos la forman.

## Lenguaje algebraico

**73** ¿Están escritas estas expresiones en lenguaje numérico o en lenguaje algebraico?

a) $3xy - 5$ c) $5x^2 - 3xy$

b) $2 \cdot (3 + 5)$ d) $\dfrac{2xy - y}{x^2}$

**74** Expresa en lenguaje algebraico:

a) El triple de un número.

b) La cuarta parte de un número.

c) El producto de dos números diferentes.

d) La raíz cuadrada de un número.

**75** Traduce a lenguaje algebraico:

a) El cuadrado de la diferencia entre un número y su doble.

b) La mitad del triple de un número, más su doble.

c) Un número más uno, elevado al cuadrado.

d) La suma de un número más la mitad del número más uno.

**76** Copia y completa la tabla con los valores numéricos indicados.

| | $x = 2$ | $x = 0$ | $x = -2$ | $x = -3$ |
|---|---|---|---|---|
| $3x^2 - 1$ | × | × | × | × |
| $(x + 2)^2$ | × | × | × | × |
| $\dfrac{x^2}{2} - \dfrac{x}{3}$ | × | × | × | × |
| $\dfrac{x}{2} - 3x$ | × | × | × | × |

**77** Calcula, para $x = 2$ e $y = -1$, el valor numérico de:

a) $(x + 2y)^2$ b) $3x - 2y^2$ c) $\dfrac{x}{2} - y$ d) $2(x - y)$

**78** Indica cuáles de estas expresiones algebraicas son monomios. ¿Por qué el resto no lo son?

a) $3xy + y$ b) $\dfrac{3x}{2}$ c) $\dfrac{3x^5}{y}$ d) $b^3a$

**79** Escribe el grado de estos monomios.

a) $5xz^4$ b) $x^2y^5z$ c) $3x^6yz$ d) $12ab^4$

**80** Copia la siguiente tabla y completa los datos que faltan.

| Monomio | Coeficiente | Parte literal | Grado |
|---|---|---|---|
| $-xy$ | × | × | × |
| × | 6 | $ab^4$ | × |

## Operaciones con monomios

**81** Resuelve estas sumas y restas.

a) $5x^2 - 3x^2$
b) $2xy - 8xy$
c) $12ab^2 + 2ab^2$
d) $-x^3y - 2x^3y$
e) $-3x + 7x$
f) $8x^2y + x^2y$
g) $9z - 10z$
h) $-z^3x + 5xz^3$

**82** Opera los siguientes monomios.

a) $-z + 5z - 12z + 3z$
b) $3xy^2 - 5xy^2 + xy^2 + 12\,xy^2$
c) $-8y^3 - y^3 + 12y^3 + 7y^3$
d) $13x^2z + 2x^2z - x^2z - 20x^2z$

**83** Simplifica estas expresiones.

a) $12z - 5z^2 - 4z^2 - 3z + 5z$
b) $3x^2 - 2x + 6x - x^2 + 12x^2$
c) $3xy^2 - 2x^2 + x + 7x^2 - 5x$
d) $12xy - 3xy + 3x - x + 7y$

**84** Expresa de forma más sencilla.

a) $-z^2 + \frac{3}{5}z - 2z + \frac{z^2}{2} - \frac{2z}{5}$
b) $12a^2 + 5a - \frac{a}{2} + \frac{3}{4}a - \frac{12}{3}a^2$
c) $\frac{xy}{2} - x^2y - \frac{xy}{3} + \frac{xy^2}{2} + xy$
d) $\frac{ab}{5} - 2b^2a + \frac{2ba^2}{3} - \frac{ba}{2}$

**85** Multiplica estos monomios.

a) $3x^2 \cdot 2xy$
b) $6x^2 \cdot (-3x^4)$
c) $-8xy^2 \cdot 3x^3y$
d) $ab \cdot 5b^3$
e) $12z^4 \cdot (-4x^4z^2)$
f) $-x^2yz^3 \cdot 2xy^4z^2$

**86** Opera.

a) $3x^3 \cdot (-2) \cdot 5x^2$
b) $12xy \cdot 3x^2y \cdot y^4$
c) $2ab^2 \cdot (-5b) \cdot (-a^3)$
d) $-zy^2 \cdot 12z^4 \cdot 5y^3z$

**87** Realiza estas operaciones.

a) $3xy \cdot 2x^2 \cdot 5x^2y^3$
b) $\frac{2}{3}z^2 \cdot \frac{z^3}{5} \cdot \frac{-z}{2}$
c) $\frac{x^2}{3} \cdot \frac{2x^5}{4} \cdot 3x$
d) $-\frac{ab}{2} \cdot \frac{-2a^2b}{3} \cdot 2a^3b^2$

**88** Elimina los paréntesis en las siguientes expresiones.

a) $5 \cdot (x - 3x^2)$
b) $-\frac{1}{3} \cdot (12 - 3xy)$
c) $4 \cdot (3x - 2y + 4xy)$
d) $\frac{1}{2} \cdot (4x^2 - 6x)$

**89** Realiza estas divisiones.

a) $18x^4 : (9x^2)$
b) $5b^5 : b^2$
c) $32z^4 : (8z^3)$
d) $15yx^2 : (-5xy)$
e) $12ab^4 : (-3ab^2)$
f) $3x^5yz^2 : (x^4z)$

**90** Efectúa los cocientes.

a) $\frac{2}{3}x^3 : \left(\frac{1}{2}x\right)$
b) $\frac{3xy^3}{2} : \frac{xy}{6}$
c) $12a^6b^4 : \left(\frac{3}{2}a^2b\right)$
d) $-\frac{xz^5}{3} : \frac{xz^2}{2}$

**91** Realiza estas divisiones.

a) $\frac{3x^5y^4}{2} : \frac{x^2y}{3} : x$
b) $\frac{a^3b^2}{5} : a^2 : a$
c) $\frac{yz^3}{2} : \frac{2z}{3} : (yz)$
d) $a^3b : \left(\frac{1}{2}ab\right) : a^2$

**92** Resuelve las multiplicaciones y divisiones respetando la jerarquía de las operaciones.

a) $\frac{x^2y}{3} : \left(\frac{x}{2}\right) \cdot y$
b) $\frac{a^2b}{5} \cdot \frac{ab^2}{2} : a^2$
c) $\frac{a^3b^2c}{3} : \frac{ac}{5} \cdot b^2$
d) $\frac{x^5y^4z}{2} : (x^2y) : \frac{x}{2}$

## Ecuaciones

**93** Escribe los miembros, los términos y el grado de estas ecuaciones.

a) $3xy + 2 = x - 1$
b) $5x^3 - 3x^2 = -1 + x$
c) $12ab^2 - a^2 = 5 - a$
d) $3z^2 - 2z + 5 = 0$

**94** Indica si $x = -1$ es solución de estas ecuaciones.

a) $x - 6 = 2x$
b) $x^2 - 2x - 3 = 0$
c) $\frac{3x}{2} + \frac{1}{3} = \frac{1}{6} - x$
d) $3(x + 1) = x - 1$

**95** Resuelve.

a) $2x - 3 = x + 1$
b) $5a + 2 = 3 + 4a$
c) $2 - z = 3 - 2z$
d) $4y - 7 = 2 + 3y$
e) $2 + 8x = 9x + 1$
f) $-b + 7 = 3 - 2b$

**96** Halla el valor de $x$ en las ecuaciones.

a) $3x = 6$
b) $8x = -4$
c) $-5x = 25$
d) $8x = 2$
e) $3x = 5$
f) $-6x = -8$

**97** Calcula el valor de $x$ en cada caso.

a) $5x - 3 = 3 + 3x$
b) $3 - 2x = 4 + 5x$
c) $3x - 1 = 6x + 2$
d) $8x - 3 = 4x + 9$
e) $x + 8 = 3x - 4$
f) $4x + 3 = -2x - 9$

**98** Resuelve.

a) $-x = 12 + 3x - 5x + 8$

b) $12x - 4x + 5 = 3x - 10$

c) $-x + 5 - 3x = 1 - 7x + 3$

d) $-12 + 3x + 5 = 14$

e) $9 - 3x = 2x - 5x + 3 - 6x$

f) $3x + 5 - 7x = 12 - x + 3x - 6$

**99** Halla el valor de $x$.

a) $3(x - 1) + 1 = 2x + 8$

b) $4 + 2(3 - 4x) = 4 - 10x$

c) $5 - 7x = 5(1 - 2x) + 7$

d) $8 - x = 9x + 4(2 - x)$

**100** Resuelve las siguientes ecuaciones.

a) $5x - 2(1 - x) = 4$

b) $-3(2 - 4x) = 5x - 1$

c) $2 - 3x = 1 - 4(3x - 2)$

d) $4x = -5(1 - 3x) + 5$

**101** Determina el valor de $x$.

a) $3x - (2x - 1) = 5x + 2(3x - 4)$

b) $3 + 2(3 - 2x) + 1 = 5 - 3(1 - x)$

c) $7x + 1 = 5x - 3(2 - 5x) + 3$

d) $4x + 3(2x - 3) = -(3 - 4x) + 5$

**102** Determina el valor de la caja en las siguientes situaciones.

a)

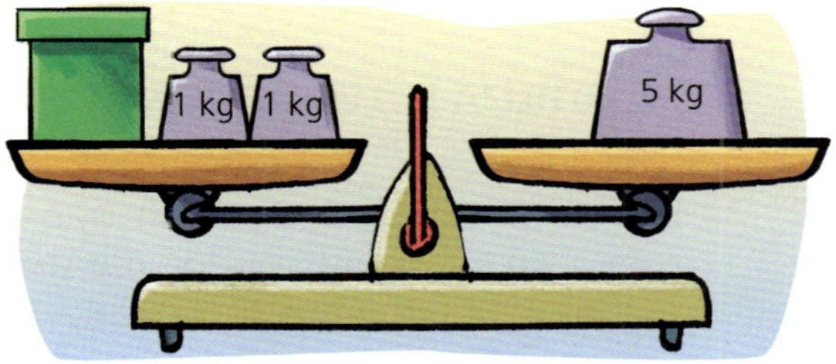


b)

c)

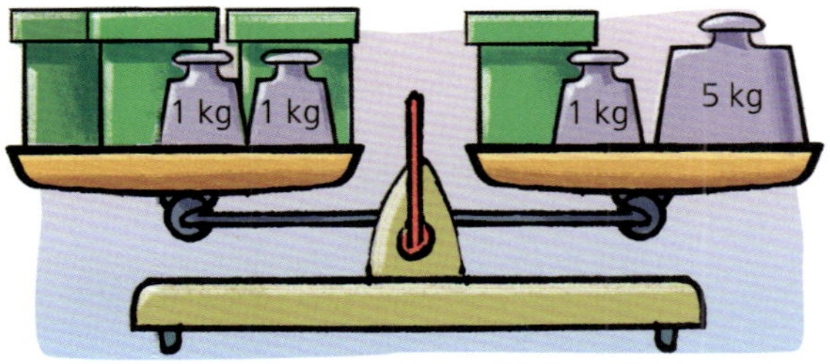


**103** El área de estos rectángulos es 30 cm². ¿Cuánto miden sus lados?

a)

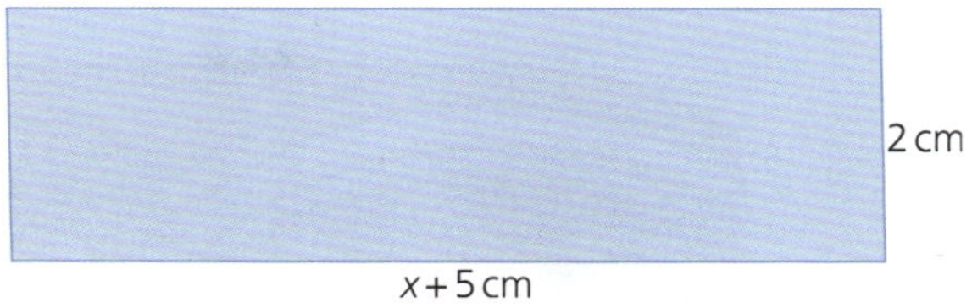


b)

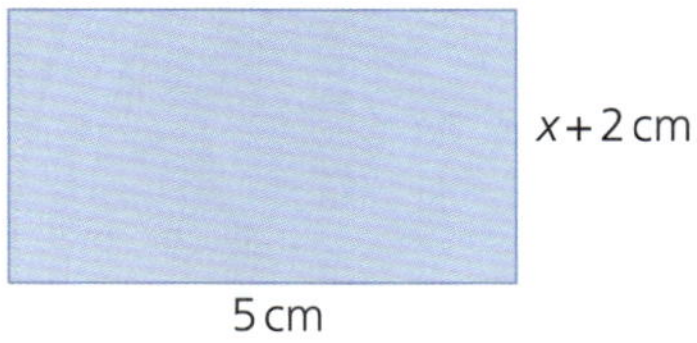


**104** La base de un rectángulo mide el doble que su altura. Si el perímetro del rectángulo es de 60 cm, ¿cuánto mide cada lado?

**105** ¿Qué edad tiene cada niño?

**106** Andrea tiene 21 cromos y su hermano Gabriel solo 13. ¿Cuántos le tiene que dar Andrea a Gabriel para que los dos tengan el mismo número de cromos?

**107** En los cuatro exámenes de matemáticas, Luis ha mejorado 1 punto en cada examen respecto al anterior. Si la suma de sus notas es de 26 puntos, ¿qué ha sacado en cada examen?

**108** La longitud que tienen tres velas se diferencia en solo un centímetro. ¿Cuál es la longitud de cada vela si entre las tres suman 33 cm?

**109** Susana ha comido el doble de caramelos que Alina, más dos. Si comieron 20 caramelos, ¿cuántos comió Alina?

**110** La edad de Óliver dentro de 6 años será la mitad que la de su padre. Si el padre tiene ahora 40 años, ¿cuál es la edad de Óliver en la actualidad?

**111** En la cabalgata de este año han llevado el doble de camellos que de dromedarios. Si en total había 30 jorobas, ¿cuántos animales de cada tipo había?

6

# MATEMÁTICAS VIVAS

Los engranajes son piezas dentadas que transmiten un movimiento circular.

Al encajar los dientes de las piezas, una rueda gira y arrastra a la otra.

## COMPRENDE

**1** Observa los engranajes anteriores.

**a.** ¿Cuántos dientes tiene la rueda grande?

**b.** ¿Cuántos dientes tiene la rueda pequeña?

**c.** ¿Qué relación hay entre los dientes de las dos ruedas?

**PIENSA Y RAZONA**

**d.** ¿Cuántas vueltas da la rueda pequeña si la grande ha dado 2 vueltas?

**e.** ¿Cuántas vueltas da la rueda grande si la pequeña ha dado 6 vueltas?

**f.** ¿Ves alguna relación entre las respuestas anteriores? Explícala con tus palabras.

**COMUNICA**

**g.** ¿Cuántos dientes tendrían que tener las ruedas para que, por cada vuelta de la rueda grande, la pequeña diera 2 vueltas?

**ARGUMENTA**

**h.** Dibuja cómo serían las ruedas del apartado anterior.

**REPRESENTA**

## RELACIONA

**2** Observa de nuevo los engranajes.

**a.** Si la rueda grande tiene $x$ dientes, ¿cuántos tendría que tener la rueda pequeña para que, por cada vuelta de la grande, la pequeña diera el doble de vueltas?

**b.** Si la rueda pequeña tiene $x$ dientes, ¿cuántos tendría que tener la rueda grande para que, por cada vuelta de la pequeña, la grande diera la tercera parte de vueltas?

**UTILIZA EL LENGUAJE MATEMÁTICO**

**3** La relación entre las vueltas que da cada rueda en un minuto y los dientes de las ruedas es la siguiente:

$$d_p \cdot v_p = d_g \cdot v_g$$

donde:

$d_p$ = dientes de la rueda pequeña

$v_p$ = velocidad de la rueda pequeña

$d_g$ = dientes de la rueda grande

$v_g$ = velocidad de la rueda grande

Si un engranaje tiene una rueda de 6 dientes y otra de 15 dientes, y la rueda pequeña tiene una velocidad de engranaje de 5 vueltas por minuto, ¿qué velocidad lleva la rueda grande?

**RESUELVE**

REFLEXIONA

4 Las bicicletas utilizan dos engranajes unidos por una cadena de transmisión para moverse. Esta cadena sirve para transmitir el movimiento de los pedales a la rueda de la bicicleta.

La mayoría de las bicicletas tienen varios platos y varios piñones para ir modificando lo que se llama desarrollo, que es el número de metros recorridos con cada pedalada.

El desarrollo de una bicicleta se calcula con esta fórmula:

$$\text{desarrollo} = \frac{\text{perímetro de la rueda} \cdot \text{n.° de dientes del plato}}{\text{n.° de dientes del piñón}}$$

La siguiente tabla muestra el desarrollo de una bicicleta que utiliza un plato con 42 dientes y diferentes piñones. El perímetro de la rueda es de 2,07 m, que es el más usual en una bicicleta de montaña.

| N.° de dientes del piñón | 12 | 18 | 22 | 24 | 32 |
|---|---|---|---|---|---|
| Desarrollo | 7,25 | 4,83 | 3,95 | 3,62 | 2,72 |

a. Realiza una tabla en la que figuren los diferentes desarrollos que puede tener una bicicleta con los platos y los piñones indicados.

REPRESENTA

b. Calcula los siguientes desarrollos y reflexiona sobre cuál utilizaríais para rodar en un llano, en una cuesta o en una bajada.

ARGUMENTA

TRABAJO COOPERATIVO

## AVANZA — Ecuaciones con denominadores

Observa cómo se eliminan los denominadores en una ecuación:

$$\frac{x-2}{3}-2=\frac{5x}{6}-\frac{3}{4} \rightarrow \frac{12\cdot(x-2)}{3}-12\cdot 2=\frac{12\cdot 5x}{6}-\frac{12\cdot 3}{4} \rightarrow 4(x-2)-24=2\cdot 5x-3\cdot 3 \rightarrow$$

Multiplicamos todos los términos por el mínimo común múltiplo de los denominadores. — Simplificamos todos los denominadores. — Resolvemos la ecuación.

$$\rightarrow 4x-8-24=10x-9 \rightarrow 4x-10x=-9+8+24 \rightarrow -6x=23 \rightarrow x=-\frac{23}{6}$$

**A1.** Resuelve.

a) $\frac{3x}{2}+\frac{5}{3}=7$

b) $\frac{x}{5}+1=\frac{3}{2}$

c) $\frac{3x}{4}-2=\frac{x}{3}$

d) $\frac{7}{2}-x=\frac{3x}{4}$

e) $x-\frac{3}{2}=\frac{x}{5}$

f) $\frac{3x}{4}-\frac{1}{3}=\frac{5}{6}$

**A2.** Halla el valor de $x$ en estas ecuaciones.

a) $\frac{3x-1}{2}+5=2x-\frac{3-2x}{4}$

b) $2x-\frac{2-6x}{3}=\frac{1}{4}+\frac{x-1}{2}$

c) $\frac{3x-1}{2}+\frac{5-2x}{6}=2-\frac{x-1}{9}$

**A3.** Halla el valor de $x$.

a) $\frac{3x+1}{2}+\frac{x-1}{5}=\frac{x+5}{3}$

b) $\frac{3(x-2)}{5}-\frac{2(3-2x)}{4}=1$

c) $5x-\frac{7(4-3x)}{2}=5-\frac{3(x-1)}{6}$

d) $\frac{2(x-7)}{3}-\frac{x-1}{2}=5+\frac{2(3-5x)}{6}$

**A4.** La mitad de un número más su tercera parte suman 15. ¿De qué numero se trata?

**A5.** Ainhoa tiene la mitad de caramelos que Ander. Si este tiene 10 caramelos más que su amiga, ¿cuántos caramelos tiene cada uno?

## CÁLCULO MENTAL — Estrategia para RESOLVER ECUACIONES SENCILLAS

Hay ecuaciones sencillas que se prestan a hacer un cálculo mental rápido para hallar el valor de $x$:

| SI TENGO... | ME PREGUNTO... | Y RESUELVO |
|---|---|---|
| $x+5=7$ | *¿Qué número hay que sumar a 5 para que dé 7?* | $x=2$ |
| $3x=15$ | *¿Qué número hay que multiplicar a 3 para que dé 15?* | $x=5$ |

**CM1.** Indica cómo resolverías las siguientes ecuaciones mentalmente.

a) $x+8=10$

b) $x-4=10$

c) $4+x=12$

d) $12=x-8$

e) $3=x-6$

f) $4-x=2$

g) $12+x=10$

h) $3-x=4$

i) $2=10-x$

j) $5-x=8$

**CM2.** Resuelve mentalmente. ¿Qué pregunta te haces?

a) $4x=12$

b) $8x=24$

c) $7x=-14$

d) $-2x=6$

**CM3.** Resuelve mentalmente. ¿Qué preguntas te haces?

a) $2x-4=10$

b) $3x+2=8$

# 7 PROPORCIONALIDAD DIRECTA. REPRESENTACIÓN

**IDEAS PREVIAS**

- Fracciones equivalentes.
- Relación entre números decimales y fracciones.
- Resolución de ecuaciones del tipo: $a \cdot x = b$

Cada vez que salimos a la calle nos enfrentamos a situaciones donde tenemos que aplicar la proporcionalidad numérica.

Algo tan sencillo como comprar el pan nos facilita un ejemplo de proporcionalidad. Así, si habitualmente compramos dos barras de pan y un día tenemos invitados en casa y hay que adquirir el doble de barras de pan, también deberemos doblar el dinero que tenemos que pagar.

## REPASA LO QUE SABES

1. Averigua si las siguientes parejas de fracciones son equivalentes.

   a) $\frac{3}{5}$ y $\frac{12}{20}$ b) $\frac{4}{7}$ y $\frac{8}{16}$ c) $\frac{6}{4}$ y $\frac{15}{10}$

2. Halla el número que falta para que estas fracciones sean equivalentes.

   a) $\frac{x}{2}$ y $\frac{15}{10}$ b) $\frac{x}{4}$ y $\frac{2}{7}$ c) $\frac{9}{7}$ y $\frac{x}{21}$

3. Expresa las siguientes fracciones como números decimales.

   a) $\frac{3}{4}$ b) $\frac{2}{5}$ c) $\frac{23}{10}$

4. Escribe estos números decimales en forma de fracciones irreducibles.

   a) 0,30 b) 0,45 c) 0,72

5. Resuelve las siguientes ecuaciones.

   a) $3x = 6$ b) $2x = 9$ c) $6x = 3$

**MATEMÁTICAS EN EL DÍA A DÍA**

ma1e26

René Descartes (1596-1650) fue un filósofo, matemático y físico francés, uno de los personajes más importantes de la revolución científica del siglo XVII. Entre sus trabajos propuso el método cartesiano para resolver problemas.

**Aprenderás a…**

- Encontrar la razón que forman dos cantidades.
- Reconocer si dos razones forman una proporción.
- Hallar el término desconocido en una proporción.

## 1. RAZÓN Y PROPORCIÓN

Susana ha comprado una bolsa de caramelos de fresa y limón con esta distribución de caramelos de cada tipo.

Para establecer la relación entre el número de caramelos de fresa y el de limón, planteamos el cociente indicado de ambas cantidades.

$$\frac{\text{caramelos de fresa}}{\text{caramelos de limón}} = \frac{25}{100} \text{ o } 25 : 100$$

Se lee *25 de cada 100*.

Una **razón** de dos números, dados en un cierto orden, es el cociente indicado de ambos.

A Susana le parecen pocos caramelos de fresa comparados con los de limón y decide comprar otra bolsa con cantidades distintas. La distribución de caramelos de las dos bolsas es la siguiente:

| Tipo de caramelos | 1.ª bolsa | 2.ª bolsa |
|---|---|---|
| Fresa | 25 | 40 |
| Limón | 100 | 160 |
| **Razón** | $\frac{25}{100}$ | $\frac{40}{160}$ |

Sin embargo, al comparar las dos razones, comprueba que son iguales. Decimos que en las dos bolsas hay la misma proporción de caramelos de fresa y de limón.

Decimos que ambas razones forman una **proporción.** En ella, 25 y 160 son los **extremos,** y 100 y 40, los **medios.**

$$\frac{25}{100} = 0{,}25 \qquad \frac{40}{160} = 0{,}25 \longrightarrow \frac{25}{100} = \frac{40}{160}$$

Comprueba, además, que: $25 \cdot 160 = 100 \cdot 40$

Una **proporción** es la igualdad de dos razones.

En una proporción siempre se cumple que el producto de los medios es igual al producto de los extremos.

**Presta atención**

No debes confundir fracciones con razones. Mientras que en una fracción los números deben ser enteros, en una razón esto no es necesario.

Por ejemplo, $\frac{2{,}5}{10}$ es una razón, pero no una fracción.

**EJERCICIO RESUELTO**

**Un jugador de baloncesto asegura que de cada 8 tiros libres encesta 6 canastas. Según esto, ¿cuántos intentos tendría que hacer para encestar 15 tiros libres?**

Solución

Establecemos la proporción: 6 aciertos de 8 intentos $\frac{6}{8} = \frac{15}{x}$ 15 aciertos de $x$ intentos

Se cumple que: $6 \cdot x = 8 \cdot 15 \rightarrow x = \frac{8 \cdot 15}{6} = 20$

El jugador tiene que realizar 20 tiros libres.

**1** En una clase de Matemáticas aprueban 22 alumnos de 33. Expresa mediante una razón la relación entre:

a) El número de aprobados en Matemáticas y el número total de alumnos.

b) El número de suspensos en Matemáticas y el número total de alumnos.

c) El número de aprobados y el número de suspensos en Matemáticas.

**2** Halla la razón entre el número de bolas rojas y el total de bolas.

a) 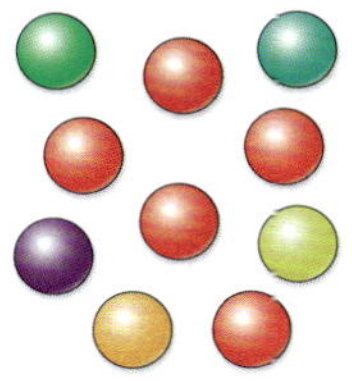

b) 

c) 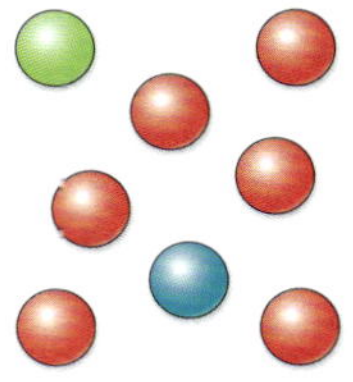

d) 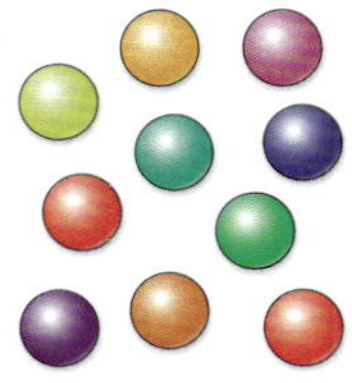

**3** En una clase hay 32 alumnos. Si 18 son chicos, ¿cuál es la razón entre las chicas y los chicos de la clase?

**4** En una fiesta hay 15 hombres. Si la razón entre mujeres y hombres es $\frac{2}{3}$, ¿cuántas personas han asistido a la fiesta?

**5** Halla el valor de $x$ en cada caso para que exista una proporción.

a) $\frac{3}{4} = \frac{x}{12}$  b) $\frac{x}{3} = \frac{5}{15}$  c) $\frac{2}{x} = \frac{3}{9}$  d) $\frac{12}{36} = \frac{7}{x}$

**6** Halla el término desconocido en estas proporciones.

a) $\frac{13{,}11}{5{,}7} = \frac{x}{3{,}2}$  b) $\frac{x}{7{,}9} = \frac{21}{6}$  c) $\frac{5{,}7}{x} = \frac{9{,}31}{4{,}9}$  d) $\frac{46{,}8}{15{,}6} = \frac{12{,}6}{x}$

**7** La razón entre el ancho y el largo del primer rectánculo es $\frac{2}{5}$. Averigua cuáles de los demás rectángulos tienen las dimensiones en la misma proporción.

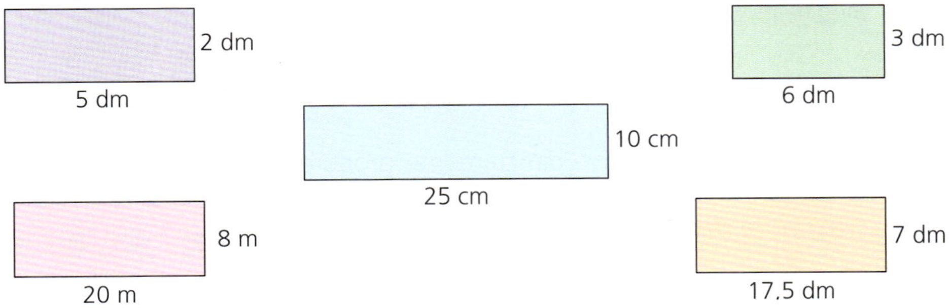


**8** En un congreso, la razón entre los hombres y las mujeres es de 3:5. Si el número total de asistentes es de 400, ¿cuántos hombres y cuántas mujeres hay en el congreso?

**DESAFÍO**

**9** Escribe la razón entre el número de caras de cada dado y el número de caras pares. ¿Forman una proporción las razones entre algunos dados? En caso afirmativo, indica cuáles.

**Aprenderás a…**

- Identificar magnitudes directamente proporcionales.
- Hallar valores desconocidos de magnitudes directamente proporcionales.

**Presta atención**

Una magnitud es cualquier cualidad que se puede expresar mediante un número.

## 2. PROPORCIONALIDAD DIRECTA

Una panadería ha elaborado una tabla con el precio del pan según el número de barras para agilizar el cálculo del importe que tienen que pagar los clientes.

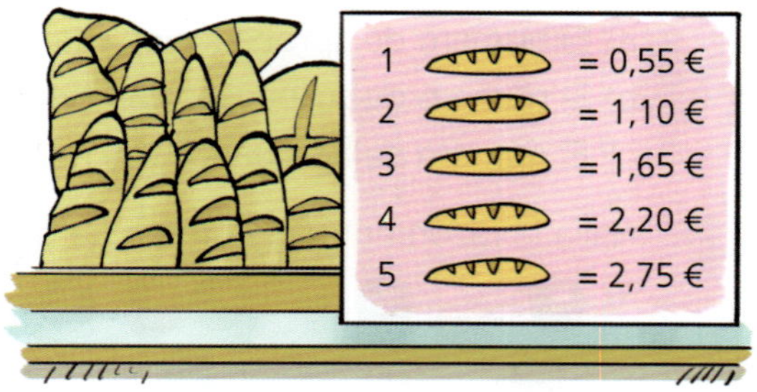


En la tabla se muestran dos magnitudes, el *número de barras de pan* y su *precio*.

Observa la característica que presentan los valores de cada una:

· 2 (de 1 a 2) : 2 (de 4 a 2)

| N.º de barras de pan | 1 | 2 | 3 | 4 | 5 |
|---|---|---|---|---|---|
| Precio (€) | 0,55 | 1,10 | 1,65 | 2,20 | 2,75 |

· 2 (de 0,55 a 1,10) : 2 (de 2,20 a 1,10)

- Cuando multiplicamos el valor de una magnitud por un número, la otra magnitud queda multiplicada por el mismo número.

  *Si 1 barra de pan cuesta 0,55 €, 2 barras cuestan el doble.*

- Análogamente, al dividir un valor de la magnitud por un número, la otra magnitud queda dividida por el mismo número.

  *Si 4 barras de pan cuestan 2,20 €, 2 barras cuestan la mitad.*

Dos **magnitudes** son **directamente proporcionales** si, al multiplicar (o dividir) los valores de una de ellas por un número, los valores de la otra quedan multiplicados (o divididos) por el mismo número.

Si relacionamos pares de valores correspondientes, la razón no varía.

| N.º de barras de pan | 1 | 2 | 3 | 4 | 5 |
|---|---|---|---|---|---|
| Precio (€) | 0,55 | 1,10 | 1,65 | 2,20 | 2,75 |

$$\frac{1}{0{,}55} = \frac{2}{1{,}10} = \frac{3}{1{,}65} = \frac{4}{2{,}20} = \frac{5}{2{,}75} = \mathbf{1{,}82}$$

Si dos magnitudes son directamente proporcionales, la razón de los pares de valores correspondientes se mantiene constante. A este valor se le llama **razón de proporcionalidad directa.**

**EJERCICIO RESUELTO**

**Con una velocidad constante en 10 min, Marta ha recorrido 2,5 km. Si mantiene la misma velocidad, ¿cuánto tardará en recorrer 8 km?**

Solución

Las magnitudes *distancia recorrida* y *tiempo* son directamente proporcionales porque, para recorrer el doble de distancia, se necesita el doble de tiempo.

| Distancia (km) | 2,8 | 8 |
|---|---|---|
| Tiempo (min) | 10 | $x$ |

Se mantiene constante la razón de valores correspondientes.

$$\frac{2{,}5}{10} = \frac{8}{x} \rightarrow 2{,}5 \cdot x = 8 \cdot 10 \rightarrow x = \frac{8 \cdot 10}{2{,}5} = 32$$

En recorrer 8 km, Marta tardará 32 min.

**10** Razona qué pares de magnitudes son directamente proporcionales.

a) La talla del zapato y la estatura en centímetros.

b) El número de kilogramos de manzanas que se compran y el precio que hay que pagar.

c) El número de páginas de un libro y su precio.

d) El tiempo que está una máquina fabricando tornillos y el número de tornillos fabricado

EJERCICIO RESUELTO

**Copia y completa la siguiente tabla, que corresponde a los valores de dos magnitudes directamente proporcionales.**

| | | | |
|---|---|---|---|
| **A** | 2 | 6 | × |
| **B** | 6 | × | 15 |

Solución

Para calcular el valor de la magnitud A, planteamos la proporción correspondiente.

$2 \cdot 3 = 6$

| | | | |
|---|---|---|---|
| A | 2 | 6 | 5 |
| B | 6 | 18 | 15 |

$6 : 2 = 3$

$15 : 3 = 5$

$6 \cdot 3 = 18$

Para hallar el valor desconocido de la magnitud B, multiplicamos por el mismo número que el correspondiente de A.

ma1e27

**11** Copia y completa estas tablas que relacionan magnitudes directamente proporcionales.

a)

| | | | | | |
|---|---|---|---|---|---|
| **A** | 1 | 4 | × | 20 | × |
| **B** | 4 | × | 24 | × | 32 |

b)

| | | | | | |
|---|---|---|---|---|---|
| **A** | 9 | 3 | 12 | × | 21 |
| **B** | 6 | × | × | 8 | × |

**12** Un equipo de fútbol ha pagado 46,35 € por la compra de 3 camisetas para 3 de sus miembros. ¿Cuánto costarán las 15 camisetas del equipo?

**13** ¿Cuánto tiempo ha tardado en llenarse el recipiente de la derecha?

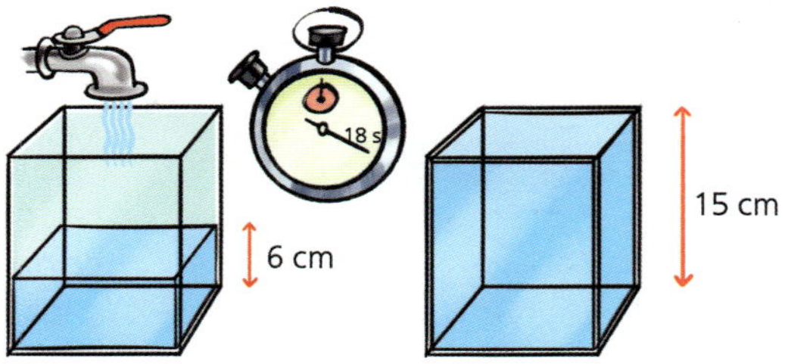


**14** Javier ha pasado tres noches en un hotel y ha pagado 195 €. ¿Cuánto pagará por una semana?

**15** Silvia ha comprado 3,75 kg de peras por 4,50 €.

a) ¿Cuántas peras adquirirá por 2,70 €?

b) ¿Cuánto tendrá que pagar por 5,30 kg?

EJERCICIO RESUELTO

**Juan quiere repartir 315 € entre sus nietos, que tienen 6 y 9 años, respectivamente, de forma que el reparto sea proporcional a la edad.**

Solución

La razón que forman la cantidad que le corresponde a cada uno y su edad deben de ser iguales y también la razón entre la cantidad total y la suma de las edades.

$$\frac{\text{A 6 años}}{6} = \frac{\text{A 9 años}}{9} = \frac{\text{Total}}{6+9} = \frac{315}{15}$$

$$\begin{cases} \dfrac{\text{A 6 años}}{6} = 21 \rightarrow \text{A 6 años} = 6 \cdot 21 = 126 \text{ €} \\ \dfrac{\text{A 9 años}}{9} = 21 \rightarrow \text{A 9 años} = 9 \cdot 21 = 189 \text{ €} \end{cases}$$

**16** Reparte la cantidad de 1 500 de forma proporcional entre los siguientes números.

a) 7 y 8

b) 5, 8 y 12

c) 10, 20 y 30

d) 20, 35, 80 y 115

**17** Tres amigos han comprado un décimo de lotería de Navidad. Juan ha aportado 5 €; Luis, 12 €, y Eva, 3 €. Si les toca un premio de 30 000 € y deciden repartirlo de forma directamente proporcional al dinero que han aportado, ¿cuánto deben recibir?

Investiga

**18** Utiliza una hoja de cálculo para saber si la tabla relaciona magnitudes directamente proporcionales.

| | | | | | |
|---|---|---|---|---|---|
| **A** | 3,1 | 2,45 | 7,4 | 12,35 | 43,2 |
| **B** | 0,961 | 0,7595 | 2,294 | 3,8285 | 13,392 |

**Aprenderás a…**

- Representar puntos en el plano.
- Identificar funciones.

## 3. REPRESENTACIÓN DE MAGNITUDES EN EL PLANO

### Puntos en el plano

Manuel y María están jugando a los barquitos.

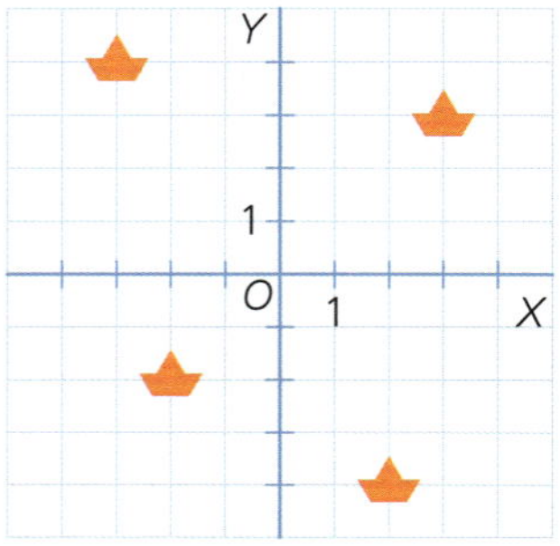


La cuadrícula que utilizan es un **sistema de coordenadas** con números positivos y negativos, y los barquitos representan puntos en el plano.

El sistema de coordenadas está formado por dos rectas numéricas perpendiculares:

- La horizontal es el **eje de abscisas,** *X*.
- La vertical es el **eje de ordenadas,** *Y*.

El punto de corte de ambas rectas es el **origen de coordenadas.**

Para indicar la posición de los barquitos que tiene Manuel, utilizamos un par ordenado de números, *x* e *y*, llamados **coordenadas.**

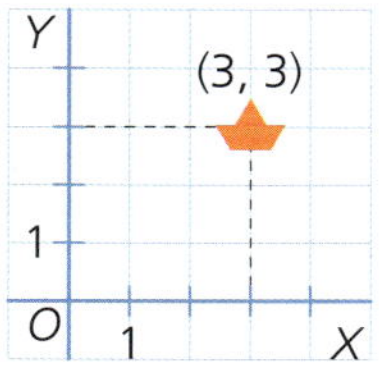


Eje *X* positivo
Eje *Y* positivo

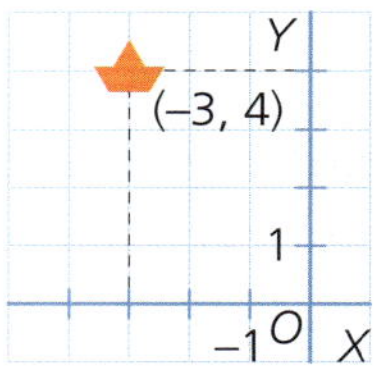


Eje *X* negativo
Eje *Y* positivo

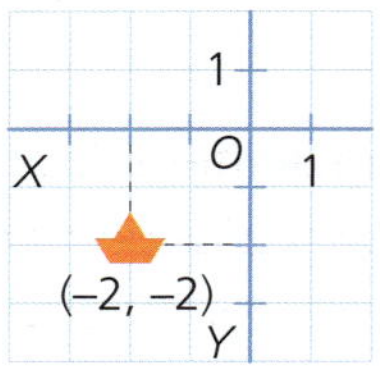


Eje *X* negativo
Eje *Y* negativo

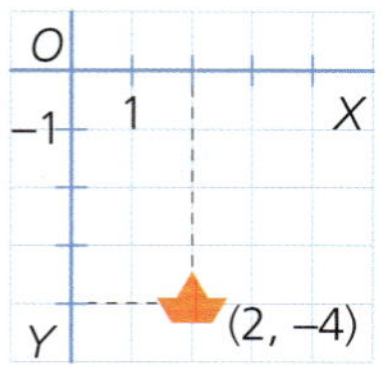


Eje *X* positivo
Eje *Y* negativo

Un punto en el plano se representa por dos coordenadas: la primera sobre el eje *X* y la segunda sobre el eje *Y*.

**Lenguaje matemático**

Si las coordenadas de un punto, *A*, son 2 y 3, se escriben de este modo:

*A*(2, 3)

donde 2 es la **abscisa,** y 3, la **ordenada.**

### Representación de magnitudes

Observa los siguientes puntos representados en estos sistemas de coordenadas.

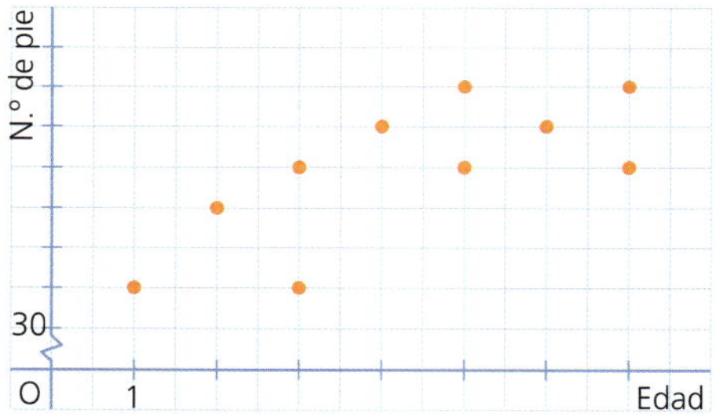


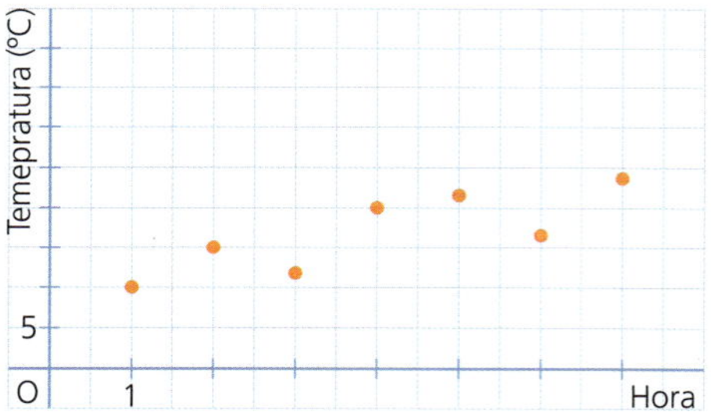


Muestra la relación entre la *edad,* en años, y el *número de zapato* de varios niños.

Hay edades a las que les corresponde más de un número de zapato.

Muestra la relación entre la *hora del día* y la *temperatura,* en °C, en una localidad.

Todas las horas del día tienen asociado un solo valor de la temperatura.

Una **función** es una relación entre dos magnitudes en la que a un valor de la primera magnitud le corresponde un único valor de la segunda magnitud.

La magnitud fijada previamente se denomina **variable independiente,** y la que depende de ella, **variable dependiente.**

**Lenguaje matemático**

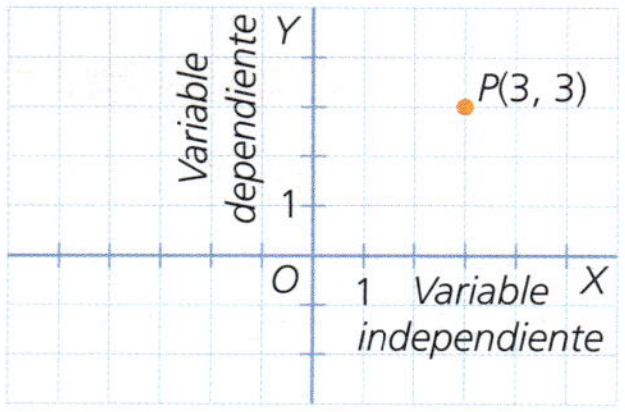

**19** Representa en el plano los siguientes puntos.

*A*(2, 5) *B*(6, −3) *C*(−3, 4) *D*(−3, −2) *E*(0, 4) *F*(−1, 4)

**20** Escribe las coordenadas de estos puntos.

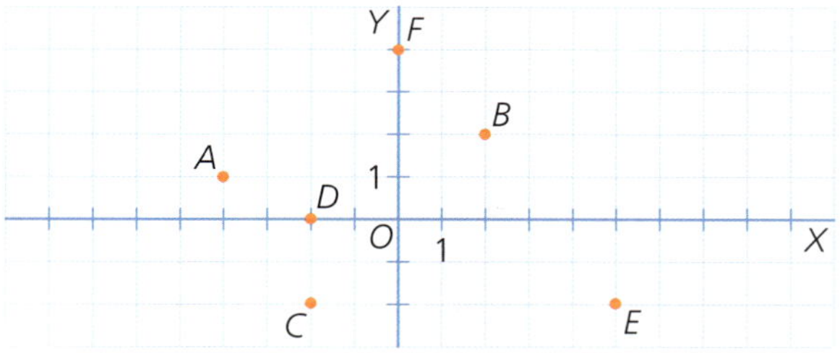


**21** Dibuja los siguientes puntos en un sistema de coordenadas y une cada punto, siguiendo el orden del abecedario, con el siguiente.

*A*(−3, −2) *B*(1, −2) *C*(4, 0) *D*(0, 0)

*E*(0, 1) *F*(3, 1) *G*(−1, 5) *H*(−3, 1)

*I*(−1, 1) *J*(−1, 0) *K*(−5, 0)

**22** Los puntos *A*, *B*, *C* y *D* forman un cuadrado. Si conocemos las coordenadas de *A*(−3, 2) y *B*(−3, 3), ¿cuáles son las coordenadas de *C* y *D*?

**23** Justifica si las siguientes relaciones entre dos magnitudes son funciones.

a) Número de entradas de cine y precio que hay que pagar.

b) Tiempo de viaje y velocidad a la que voy.

c) Número de horas de preparación de un examen y nota en el examen.

**24** Queremos relacionar la magnitud *cantidad de naranjas,* en kg, con cada una de las siguientes.

a) Precio que hay que pagar.

b) Número de naranjas que me llevo.

c) Número de litros de zumo que hago.

Razona cuáles de las relaciones formadas son función.

**25** En los siguientes sistemas de coordenadas se han representado la relación entre dos magnitudes.

a)

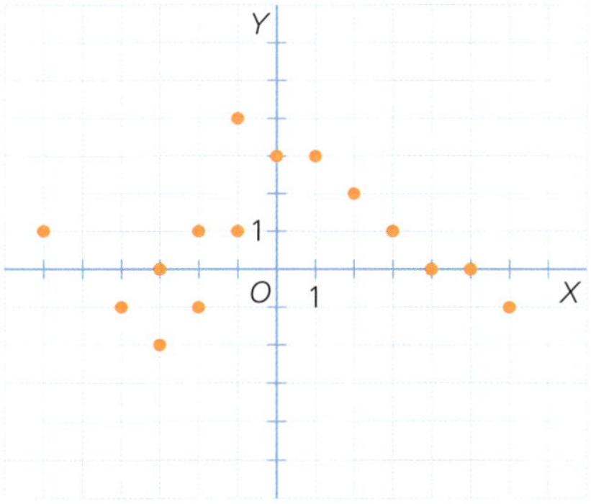


b)

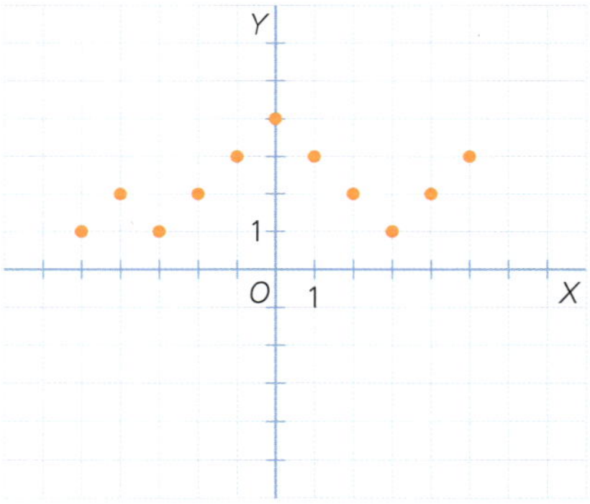


Indica cuáles son funciones. Justifica la respuesta.

**Investiga**

**26** Al representar un punto sobre la superficie de la Tierra, se utiliza un sistema parecido al de coordenadas. En este caso, las coordenadas del punto son la latitud y la longitud. Investiga en torno a esta forma de representar puntos sobre la Tierra.

**Aprenderás a…**

- Reconocer y representar funciones de proporcionalidad directa.

## 4. REPRESENTACIÓN DE MAGNITUDES DIRECTAMENTE PROPORCIONALES

Juan es electricista y tiene apuntados la *cantidad de cable* y su *precio*.

| Cantidad de cable (m) | 1 | 2 | 3 | 4 | 5 | 10 |
|---|---|---|---|---|---|---|
| Precio (€) | 0,60 | 1,20 | 1,80 | 2,40 | 3 | 6 |

Estas dos magnitudes son directamente proporcionales, y, además, a cada cantidad le corresponde un único precio luego se trata de una función. Se le llama **función de proporcionalidad directa.**

Para representar gráficamente esta función Juan utiliza un sistema de coordenadas:

- En el eje $X$ indica como variable independiente la *cantidad de cable,* y en el eje $Y$, como variable dependiente, el *precio*.
- Dibuja cada par de valores como puntos del plano.

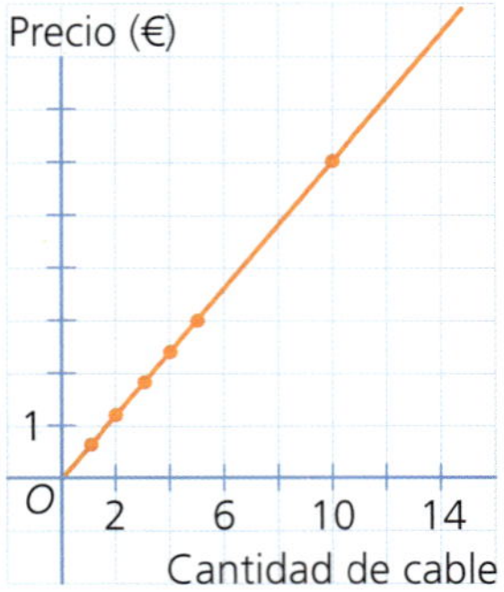


Al representarlos observa que están alineados y que al unir estos puntos obtiene una recta que pasa por el origen.

Juan solo dibuja los ejes $X$ e $Y$ que corresponden a valores positivos, porque las dos magnitudes solo admiten estos valores.

**Presta atención**

No siempre es posible unir los puntos representados; hay que asegurarse de si es posible hacerlo, lo que depende de los valores que toman las magnitudes.

La relación que existe entre dos magnitudes directamente proporcionales es una función que se llama **función de proporcionalidad directa.**

Su representación gráfica es una recta que pasa por el origen.

Juan necesita compra 3,5 metros de cable y no tiene ese número de metros en la tabla para conocer su precio.

Para calcular el precio del cable multiplicamos cada metro de cable por 0,60 que es la razón de proporcionalidad directa.

Si llamamos $x$ a la *cantidad de cable,* e $y$ al *precio*, la relación entre ambas variables viene dada por la expresión:

$$y = 0{,}6 \cdot x$$

Esta expresión es la ecuación de la función de proporcionalidad directa que relaciona la *cantidad de cable* y su *precio*.

Observa distintas representaciones gráficas de funciones lineales.

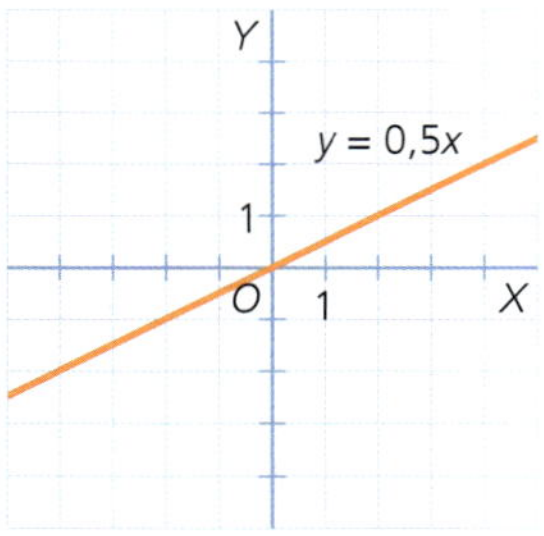


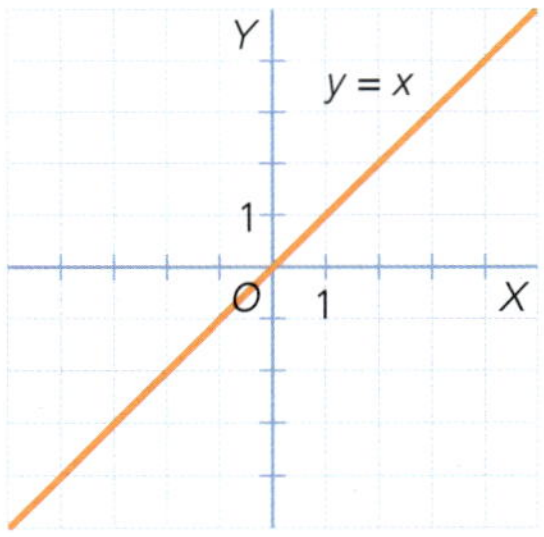


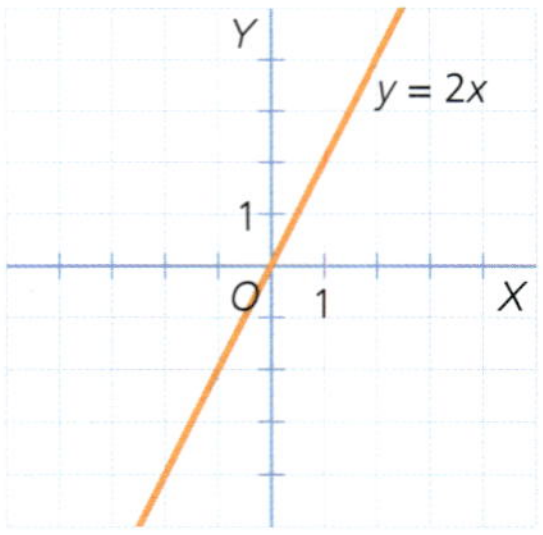


**Presta atención**

Al calcular la razón de proporcionalidad de la función $y = mx$ tenemos que plantear los cocientes este modo:

| Variable dependiente ($y$) | 0,6 | 1,20 |
|---|---|---|
| Variable independiente ($x$) | 1 | 2 |

La **ecuación** de la función de proporcionalidad es de la forma $y = mx$, donde $m$ es el valor de la razón de proporcionalidad e indica la pendiente o inclinación de la recta.

**27** La siguiente tabla muestra el tiempo que está un grifo abierto y el número de litros que vierte en un depósito.

| **N.º de litros** | 25 | 75 | 125 | 250 |
|---|---|---|---|---|
| **Tiempo (min)** | 1 | 3 | 5 | 10 |

a) ¿Son magnitudes directamente proporcionales?

b) Representa gráficamente esta relación.

## EJERCICIO RESUELTO

**En una churrería cada churro cuesta 0,40 euros. Representa gráficamente la relación entre el número de churros comprado y su precio.**

Solución

1. Elaboramos una tabla.

| **Número de churros** | 1 | 2 | 3 | 4 | 5 |
|---|---|---|---|---|---|
| **Precio (€)** | 0,40 | 0,80 | 1,20 | 1,60 | 2 |

2. Vemos que las dos magnitudes son directamente proporcionales, ya que la razón se mantiene constante.

$$\frac{1}{0,4} = \frac{2}{0,8} = \frac{3}{1,2} = \frac{4}{1,6} = \frac{5}{2} = 2,5$$

3. Representamos los puntos correspondientes.

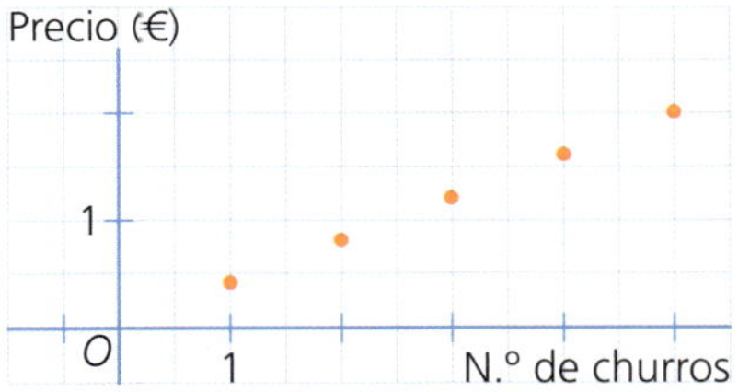


En este caso no podemos unir los puntos, ya que los valores del número de churros son números enteros, no hay valores intermedios.

4. Como la razón de proporcionalidad es 0,4 la ecuación de la función es:

$$y = 0,4x$$

**28** La tabla muestra la temperatura en una ciudad a una determinada hora durante una semana.

| **Día** | 1 | 2 | 3 | 4 | 5 | 6 | 7 |
|---|---|---|---|---|---|---|---|
| **Temperatura (°C)** | 12 | 10 | 8 | 8 | 12 | 15 | 18 |

a) Decide si las magnitudes *número de día* y *temperatura* son directamente proporcionales.

b) Representa gráficamente esta relación.

**29** Razona si las siguientes magnitudes son directamente proporcionales y representa con una gráfica la relación entre ellas.

Encuentra la ecuación de la función en las que se relacionen de forma directamente proporcional.

a) Por cada litro de pintura cubro una superficie de 5 metros cuadrados.

b) Por cada botella de agua pago 0,65 €.

**30** Las tablas muestran valores de magnitudes directamente proporcionales. Represéntalas y encuentra su ecuación.

a)

| **Magnitud A** | 1 | 5 | 7 | 10 |
|---|---|---|---|---|
| **Magnitud B** | 3 | 15 | 21 | 30 |

b)

| **Magnitud A** | 10 | 20 | 50 | 100 |
|---|---|---|---|---|
| **Magnitud B** | 5 | 10 | 25 | 50 |

**31** Indica cuál de las siguientes gráficas representa una relación de proporcionalidad directa.

a)

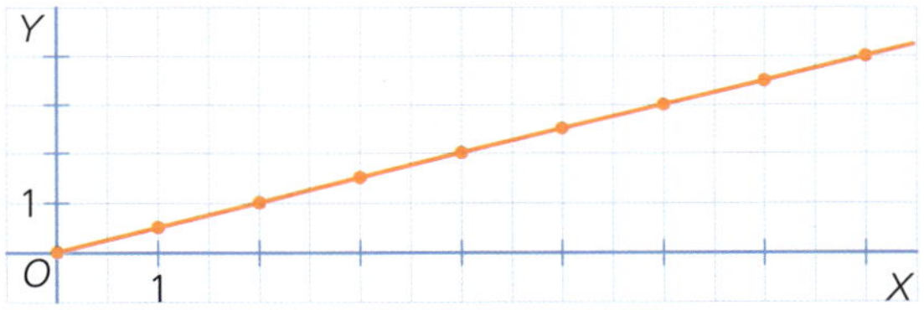


b)

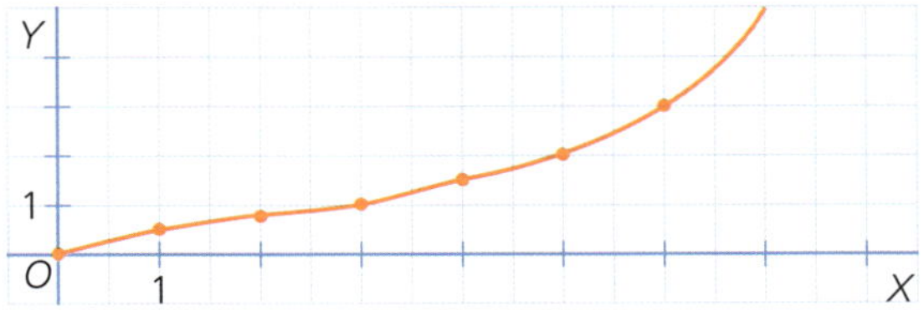


**Investiga**

**32** Con el programa GeoGebra puedes representar fácilmente funciones de proporcionalidad directa. Por ejemplo, para representar la función $y = \frac{2}{3}x$ no tienes más que introducir en la línea de entrada su ecuación.

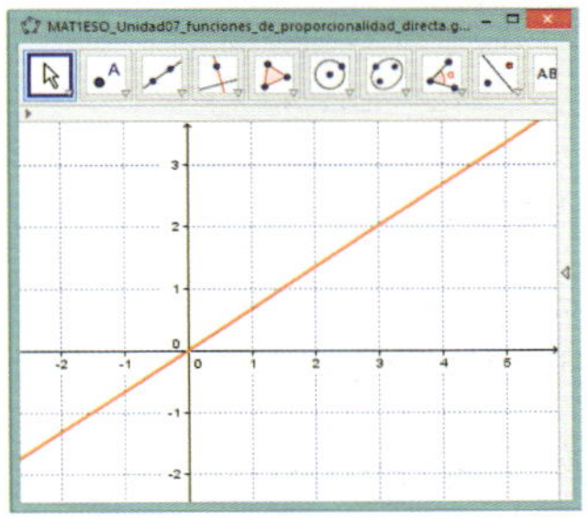

Utiliza este programa para representar gráficamente distintas funciones de proporcionalidad directa.

ma1e28

**Aprenderás a…**

- Manejar porcentajes.
- Calcular la parte, el porcentaje o el total, conocidos dos de ellos.

## 5. PORCENTAJES

En una clase de 32 alumnos, 8 tienen los ojos azules. Si se mantiene la proporción, ¿cuántos tendrán los ojos azules en un grupo de 100 alumnos?

Como forman una proporción, igualamos las razones:

$$\frac{8}{32} = \frac{x}{100} \rightarrow \frac{8 \cdot 100}{32} = x \rightarrow x = 25$$

Habrá 25 alumnos de cada 100 con los ojos azules. Decimos que el 25 % de los alumnos tendrá los ojos azules.

Un **porcentaje** representa una parte del total. El símbolo para expresar un porcentaje es %.

Un porcentaje también se puede expresar como una razón o como un número decimal.

| Porcentaje | Razón | N.º decimal | Significado |
|---|---|---|---|
| 25 % | $\frac{25}{100} = \frac{1}{4}$ | 0,25 | 25 alumnos de cada 100 tienen los ojos azules. |

**Con la calculadora**

Todas las calculadoras tienen la tecla [%], que funciona de este modo.

Para calcular el 25 % de 300, introducimos el número, pulsamos la tecla para multiplicar y el porcentaje seguido de esta tecla.

ma1e29

### Porcentaje, parte y total

El *parking* de una ciudad tiene tres plantas. Cada una de ellas dispone de diferente número de plazas y ocupación.

- En la planta primera hay 200 plazas, de las cuales el 31 % están ocupadas. ¿Cuántas plazas tiene ocupadas?

  $$\underbrace{\text{Total}}_{\text{conocido}} \cdot \underbrace{\text{Porcentaje}}_{\text{conocido}} = \underbrace{\textbf{Parte}}_{\text{desconocido}} \rightarrow 200 \cdot 0{,}31 = x \rightarrow 200 \cdot 0{,}31 = 62$$

  Hay 62 plazas ocupadas en la primera planta.

- En la segunda planta hay ocupadas 96 plazas, que representan un 64 % del total de las plazas de esta planta. ¿Cuántas plazas tiene esta planta?

  $$\underbrace{\textbf{Total}}_{\text{desconocido}} \cdot \underbrace{\text{Porcentaje}}_{\text{conocido}} = \underbrace{\text{Parte}}_{\text{conocido}} \rightarrow x \cdot 0{,}64 = 96 \rightarrow x = \frac{96}{0{,}64} = 150$$

  En la segunda planta hay 150 plazas.

- En la tercera planta, de las 240 plazas solo hay 36 plazas ocupadas. ¿Qué porcentaje de plazas ocupadas hay en esta planta?

  $$\underbrace{\text{Total}}_{\text{conocido}} \cdot \underbrace{\textbf{Porcentaje}}_{\text{desconocido}} = \underbrace{\text{Parte}}_{\text{conocido}} \rightarrow 240 \cdot x = 36 \rightarrow x = \frac{36}{240} = 0{,}15$$

  La expresión decimal del porcentaje es 0,15, que representa el 15 %; por tanto, en la planta tercera hay un 15 % de plazas ocupadas.

**Presta atención**

Para trabajar con porcentajes, los expresamos en forma de número decimal. De este modo, se facilitan los cálculos.

Al calcular un porcentaje, siempre aparecen tres cantidades relacionadas de esta forma:

$$\text{Total} \cdot \text{Porcentaje} = \text{Parte}$$

**33** Halla el valor de $x$ en las siguientes proporciones.

a) $\frac{26}{80} = \frac{x}{100}$

b) $\frac{24}{150} = \frac{x}{100}$

c) $\frac{234}{450} = \frac{x}{100}$

d) $\frac{182}{650} = \frac{x}{100}$

**34** Copia y comp eta la siguiente tabla.

| Porcentaje | Razón | N.º decimal | Significado |
|---|---|---|---|
| 35 % | × | × | × |
| × | $\frac{3}{5}$ | × | × |
| × | × | 0,32 | × |
| × | × | × | 7 de cada 100 |

**35** Escribe como número decimal los siguientes porcentajes.

a) 30 %

b) 72 %

c) 39 %

d) 27 %

**36** Indica la expresión decimal de estos porcentajes.

a) 4 %

b) 8,42 %

c) 139 %

d) 3,5 %

**37** Calcula los siguientes porcentajes.

a) El 20 % de 120.

b) El 60 % de 340.

c) El 35 % de 700.

d) El 25 % de 400.

**38** Realiza estos porcentajes.

a) El 43,5 % de 300.

b) El 5,5 % de 4,5.

c) El 3 % de 432,5.

d) El 8,25 % de 250.

**39** Una ciudad tiene 2 500 habitantes. Averigua a qué cantidades corresponden los siguientes porcentajes.

a) El 30 % de la población hace deporte.

b) El 2 % de a población es mayor de 80 años.

**40** Halla el total conociendo la parte y el porcentaje.

a) Parte: 576 Porcentaje: 48 %

b) Parte: 312 Porcentaje: 65 %

**41** Halla el porcentaje conociendo el total y la parte.

a) Total: 500 Parte: 180

b) Total: 1 650 Parte: 1 386

**42** En un concesionario se han vendido 1 800 vehículos en la última campaña. De ellos, solo 54 han sido vehículos industriales. ¿Qué porcentaje de vehículos industriales se ha vendido?

**43** En un centro escolar, 117 alumnos han elegido Alemán como segunda lengua. Esto representa el 18 % de todos los alumnos del centro. ¿Cuántos alumnos tiene este centro?

**44** La tabla muestra las anotaciones de un jugador de baloncesto en un partido.

| | Tiros libres | Tiros de 2 puntos | Tiros de 3 puntos |
|---|---|---|---|
| Anotados | 9 | 14 | 6 |
| Intentados | 10 | 20 | 8 |

Calcula el porcentaje de acierto de este jugador.

**45** En un parque se ha replantado el 12 % de los arbustos, pues se habían secado a causa de una enfermedad. Si el número de ejemplares replantados asciende a 102, ¿cuántos arbustos había sanos en el parque?

**46** Observa estos depósitos y calcula la capacidad del primero, y el porcentaje de agua que hay en el segundo.

DESAFÍO

**47** Observa la información nutricional de cierto producto.

a) Según esta información, ¿cuántas calorías diarias son necesarias?

b) ¿Y cuáles son las cantidades diarias del resto de componentes de este producto?

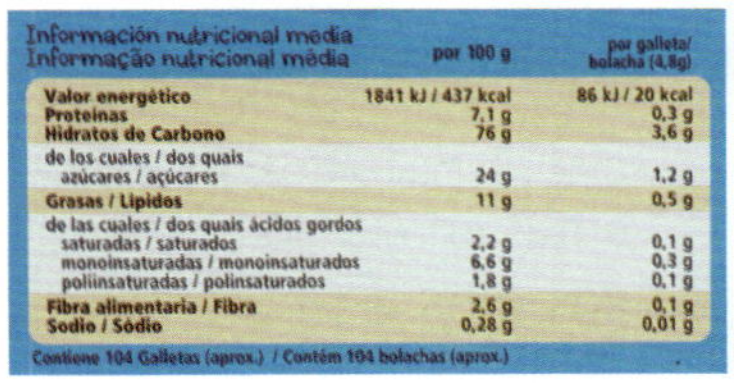

Información nutricional media / Informação nutricional média

| | por 100 g | por galleta/bolacha (4,8g) |
|---|---|---|
| Valor energético | 1841 kJ / 437 kcal | 86 kJ / 20 kcal |
| Proteínas | 7,1 g | 0,3 g |
| Hidratos de Carbono | 76 g | 3,6 g |
| de los cuales / dos quais azúcares / açúcares | 24 g | 1,2 g |
| Grasas / Lípidos | 11 g | 0,5 g |
| de las cuales / dos quais ácidos gordos saturadas / saturados | 2,2 g | 0,1 g |
| monoinsaturadas / monoinsaturados | 6,6 g | 0,3 g |
| poliinsaturadas / polinsaturados | 1,8 g | 0,1 g |
| Fibra alimentaria / Fibra | 2,6 g | 0,1 g |
| Sodio / Sódio | 0,28 g | 0,01 g |

Contiene 104 Galletas (aprox.) / Contém 104 bolachas (aprox.)

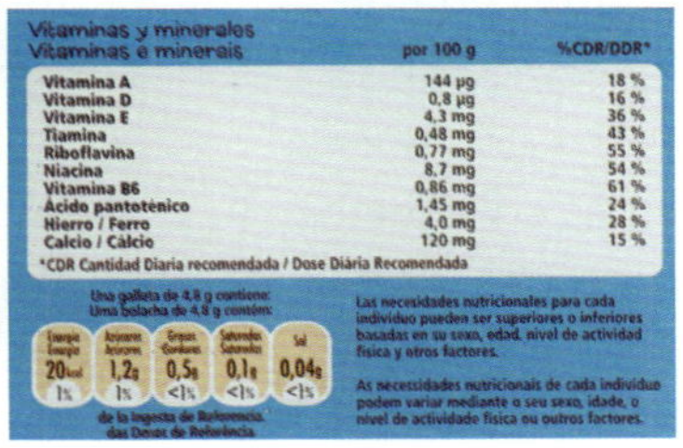

Vitaminas y minerales / Vitaminas e minerais

| | por 100 g | %CDR/DDR* |
|---|---|---|
| Vitamina A | 144 µg | 18 % |
| Vitamina D | 0,8 µg | 16 % |
| Vitamina E | 4,3 mg | 36 % |
| Tiamina | 0,48 mg | 43 % |
| Riboflavina | 0,77 mg | 55 % |
| Niacina | 8,7 mg | 54 % |
| Vitamina B6 | 0,86 mg | 61 % |
| Ácido pantoténico | 1,45 mg | 24 % |
| Hierro / Ferro | 4,0 mg | 28 % |
| Calcio / Cálcio | 120 mg | 15 % |

*CDR Cantidad Diaria recomendada / Dose Diária Recomendada

Una galleta de 4,8 g contiene: / Uma bolacha de 4,8 g contém: 20 kcal 1 %; 1,2 g 1 %; 0,5 g <1 %; 0,1 g <1 %; 0,04 g <1 % de la Ingesta de Referencia / das Doses de Referência

Las necesidades nutricionales para cada individuo pueden ser superiores o inferiores basadas en su sexo, edad, nivel de actividad física y otros factores.

As necessidades nutricionais de cada indivíduo podem variar mediante o seu sexo, idade, o nível de actividade física ou outros factores.

**Aprenderás a…**

- Calcular aumentos y disminuciones porcentuales.

## 6. AUMENTOS Y DISMINUCIONES PORCENTUALES

Laura necesita una estantería para organizar todos sus libros y acude a un carpintero. Este le pasa un presupuesto de 135 €, pero entonces Laura elige otro tipo de madera de mayor calidad y el presupuesto aumenta en un 15 %. ¿Cuánto tendrá que pagar finalmente Laura por la estantería?

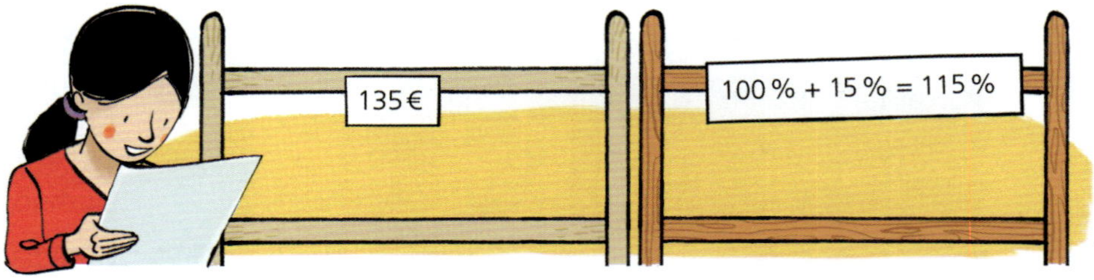


**Calcular un aumento** del 15 % de una cantidad equivale a hallar el 115 % de la misma.

$$\text{Total} \cdot \text{Porcentaje} = \text{Parte} \rightarrow 135 \cdot \mathbf{1{,}15} = 155{,}25$$

Laura tendrá que pagar por la estantería 155,25 €.

Para calcular un **aumento porcentual,** se suma al 100 % el porcentaje que se aumenta y se halla el porcentaje resultante.

A Laura esta estantería le parece cara y pide otro presupuesto distinto. La nueva estantería le cuesta 160 €, pero el carpintero dice que le puede hacer una rebaja del 7 % si la encarga en este mes. ¿Cuánto tendrá que pagar Laura si hace el encargo dentro de dicho plazo?

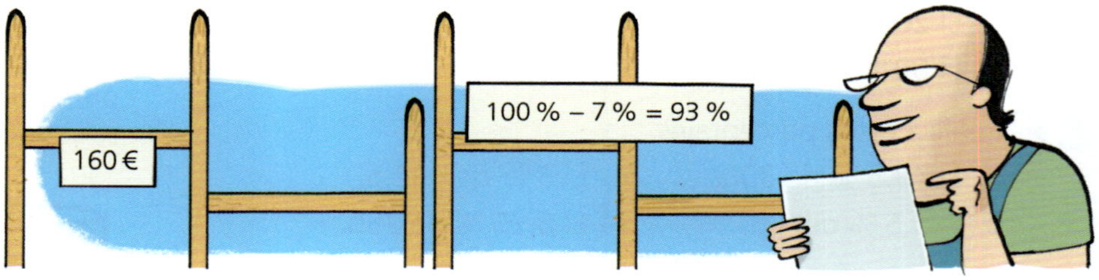


**Calcular una disminución** del 7 % de una cantidad equivale a hallar el 93 % de la misma.

$$\text{Total} \cdot \text{Porcentaje} = \text{Parte} \rightarrow 160 \cdot \mathbf{0{,}93} = 148{,}80$$

En este caso, Laura tendrá que pagar 148,80 €.

Para calcular una **disminución porcentual,** se resta al 100 % el porcentaje que se disminuye y se halla el porcentaje resultante.

**Presta atención**

Para calcular aumentos y disminuciones porcentuales, podemos utilizar la expresión decimal de este modo:

- Un **aumento porcentual** del 15 % es:

$$1 + 0{,}15 = 1{,}15$$

- Una **disminución porcentual** del 7 % es:

$$1 - 0{,}07 = 0{,}93$$

**EJERCICIO RESUELTO**

▶ Las ventas en una tienda a principio de año fueron de 12 540 €. En febrero, las ventas aumentaron un 12 % y en marzo bajaron un 5 %. ¿A cuánto han ascendido las ventas en marzo?

Solución

Ventas en febrero

$12\,540 \cdot 1{,}12 = 14\,044{,}80$

Aumentar el 12 % → 112 %

Ventas en marzo

$14\,044{,}80 \cdot 0{,}95 = 13\,342{,}56$

Disminuir el 5 % → 95 %

En marzo las ventas han sido de 13 342,56 €.

48 Aplica los siguientes aumentos porcentuales a 240.

a) 10 %  c) 32 %  e) 5 %
b) 15 %  d) 50 %  f) 90 %

49 Aumenta los siguientes porcentajes a 500.

a) 0,5 %  c) 2,5 %  e) 40,25 %
b) 150 %  d) 100 %  f) 200 %

50 Aplica estas disminuciones porcentuales a 360.

a) 10 %  c) 12 %  e) 90 %
b) 75 %  d) 65 %  f) 99 %

51 Calcula el precio de los siguientes artículos tras la rebaja.

52 Con la nueva campaña, una empresa decide modificar los precios de diferentes artículos. Copia y completa la siguiente tabla de precios.

| Artículo n.° | Precio antiguo (€) | Modificación | Precio nuevo (€) |
|---|---|---|---|
| 35-003-81 | 34,50 | ↑ 2 % | × |
| 42-001-23 | 23,10 | ↓ 12 % | × |
| 42-001-25 | 5,12 | ↓ 5 % | × |
| 58-009-31 | 40,38 | ↑ 6 % | × |

53 En el escaparate de una tienda se muestran estas rebajas.

¿Cuánto costará finalmente la camisa?

54 Al comprar un sofá que tiene un precio de 625 €, a Sofía le indican que tiene una rebaja del 15 %, pero que hay que añadirle el 21 % de IVA.

Razona si hay diferencias al pagar si aplican los porcentajes de este modo:

a) Primero el IVA y luego la rebaja.
b) Primero la rebaja y después el IVA.

**Investiga**

55 Desde su instauración en España en 1986, el IVA (Impuesto sobre el Valor Añadido) ha ido variando. Investiga en Internet los diferentes tipos de IVA que existen y cuál es el porcentaje actual.

Aplica el tipo de IVA correspondiente a los siguientes productos.

a) Un litro de leche a 0,95 €.  c) Una camiseta de 12 €.
b) Unas gafas graduadas de 120 €.  d) Una entrada de cine de 8,40 €.

## Mezclar colores para obtener el tono deseado

En muchas ocasiones, es difícil obtener el tono exacto que se anhela para una pintura...

Es fundamental tener en cuenta que el color que se obtenga de una mezcla de dos o más pinturas depende de las proporciones utilizadas en la combinación. Es decir, para reproducir ese color en una mezcla posterior, las proporciones deberán repetirse con exactitud. Cuanto más varíen, mayor será la diferencia entre los resultados obtenidos.

**Proporciones para mezclar colores**

Para la pintura, los colores básicos son el rojo, el azul y el amarillo, además del blanco y el negro. A partir de las combinaciones entre ellos, se pueden obtener todos los demás. El siguiente cuadro detalla, de un modo orientativo, las proporciones que se deben respetar para obtener colores como resultado de la mezcla de esos tonos básicos.

**Verde:** 1 parte de azul y 1 de amarillo

**Naranja:** 1 de rojo y 2 de amarillo

**Rosa:** 3 de blanco y 1 de rojo

**Violeta:** 5 de azul y 2 de rojo

**Marrón:** 2 de azul, 2 de amarillo y 1 de rojo

**Turquesa:** 5 de azul, 1 de amarillo y 1 de blanco

Fuente: consumer.es

Una cuadrilla de pintores ha recibido el encargo de pintar una habitación de una casa. Antes de comprar la pintura necesaria, han medido la superficie que hay que pintar en la habitación y es de 21 metros cuadrados.

Los dueños de la casa quieren la habitación de color turquesa.

Si para pintar un metro cuadrado de superficie necesitan 2 L de pintura, ¿cuántos litros de cada color tienen que comprar?

### Analiza la pregunta

¿Cuántos litros de cada color tienen que comprar?

Para responder a esta pregunta, es necesario decidir:

- ¿Qué colores intervienen en la mezcla?
- ¿Qué proporción tiene cada color respecto del total de pintura?

### Busca los datos

La composición necesaria para el turquesa es:

5 de azul, 1 de amarillo y 1 de blanco

Luego, se necesitan las siguientes razones de cada color:

Azul: $\frac{5}{7}$ Amarillo: $\frac{1}{7}$ Rojo: $\frac{1}{7}$

### Utiliza las matemáticas

Es preciso pintar 21 metros cuadrados y se utilizan 2 L por metro cuadrado, esto es, 42 L de pintura.

Hay que formar proporciones con un total de 42 L.

- Proporción de azul:

$$\frac{5}{7} = \frac{x}{42} \rightarrow x = \frac{5 \cdot 42}{7} = 30$$

- Proporción de amarillo:

$$\frac{1}{7} = \frac{x}{42} \rightarrow x = \frac{1 \cdot 42}{7} = 6$$

- Proporción de rojo:

$$\frac{1}{7} = \frac{x}{42} \rightarrow x = \frac{1 \cdot 42}{7} = 6$$

Se necesitan 30 L de pintura azul, 6 L de amarillo y otros 6 L de rojo.

**56** Pedro se plantea si la felicidad se puede medir y lee el siguiente artículo.

### Las medidas de la felicidad

Pero, ¿se puede medir y enseñar algo tan abstracto y personal? ...

Timothy Sharp, jefe del Instituto de la Felicidad de Australia y psicólogo clínico, afirma a este medio que «algunos componentes de la felicidad son medibles y cuantificables y, definitivamente, se puede enseñar a alguien a ser feliz».

### Cuanto más viejos, más felices

A pesar de los achaques de salud y de la pérdida de la calidad de vida, los mayores de ochenta años son por lo general más felices que los que se encuentran entre la franja de los cincuenta y los setenta, de acuerdo con un estudio realizado entre 10 000 adultos en Gran Bretaña y publicado esta semana en *Journals of Gerontology*.

Fuente: elmundo.es

a) ¿Es la felicidad una magnitud según el artículo?

b) ¿Son directamente proporcionales la *edad* y la *felicidad*?

**57** Muchas veces nos preguntamos qué comemos. Lee este artículo y responde luego a las preguntas.

### ¿Cuánto porcentaje de lo que comemos es utilizable?

[...] un estudio que midió el consumo alimenticio de 63 adultos [...] En promedio, consumieron 1 277 gramos de comida al día. De esos, las proteínas, grasas y carbohidratos representaron apenas 495 gramos.

No obstante, los otros 782 gramos no son inútiles. Son en su mayoría agua y fibra, elementos importantes para el cómodo y eficiente transcurso de la porción digerible de la comida.

Fuente BBC.es

¿Qué porcentaje de comida corresponde a las proteínas, grasas y carbohidratos?

**58** A Juan le encantan las croquetas y ha encontrado el siguiente artículo sobre la importancia que tiene su elaboración.

### Croquetas caseras, la importancia de la masa

Las croquetas son el resultado de una elaboración culinaria que consiste en unas porciones de masa de bechamel espesa que amalgama y da cuerpo a otros ingredientes como pueden ser marisco, pollo, jamón o bacalao. Una vez enfriada se moldea y se reboza en huevo y pan rallado para freírse en abundante aceite.

### La masa, primer paso

La mezcla de leche más roux blanco (la papilla formada por la harina frita ligeramente en una grasa, bien sea aceite o en mantequilla) es lo que nos da como resultado la base de la masa para las croquetas. Después le agregaremos la guarnición que queramos. Las proporciones para la elaboración de pasta de croquetas son de 130 gramos de mantequilla o de aceite y 150 gramos de harina por cada litro de leche.

Fuente: consumer.es

Después de leer el artículo, Juan está decidido a cocinar la receta que propone el artículo pero quiere cambiar la cantidad de ingredientes.

Completa los ingredientes de la masa de las croquetas en estos casos.

a) Se emplean 3 L de leche.

b) Se emplean 260 g de mantequilla.

c) Se emplean 375 g de harina.

**59** Decide si existe algún error en las siguientes informaciones. ANALIZA

a) Esta camisa tiene el 110 % de algodón.

b) En esta tienda estamos que lo regalamos; superamos el 100 % en los descuentos.

c) A los trabajadores de la empresa les bajaron un −5 % el salario.

# ¿QUÉ tienes que saber?

## Ten en cuenta

Si dos magnitudes son directamente proporcionales, la razón de los pares de valores correspondientes se mantiene constante.

## Proporcionalidad directa

**En una panadería, Pedro ha pagado 1,20 € por 3 magdalenas. ¿Cuánto le costarán 7 magdalenas?**

Las magnitudes *número de magdalenas* y *precio* son directamente proporcionales, porque al doble de una le corresponde el doble de la otra.

$$\frac{1,20}{3} = \frac{x}{7} \rightarrow x = \frac{1,20 \cdot 7}{3} = 2,80$$

Las 7 magdalenas costarán 2,80 €.

## Ten en cuenta

- Para calcular la razón de proporcionalidad directa dividimos los valores de los pares correspondientes.
- La ecuación de una función de proporcionalidad directa es $y = mx$ donde $m$ es la razón de proporcionalidad directa.

## Función de proporcionalidad directa

**En una panadería cada barra de pan cuesta 0,50 €. Representa gráficamente esta relación y encuentra su ecuación.**

| N.º de barras | 1 | 2 | 3 | 4 |
|---|---|---|---|---|
| Precio (€) | 0,50 | 1 | 1,50 | 2 |

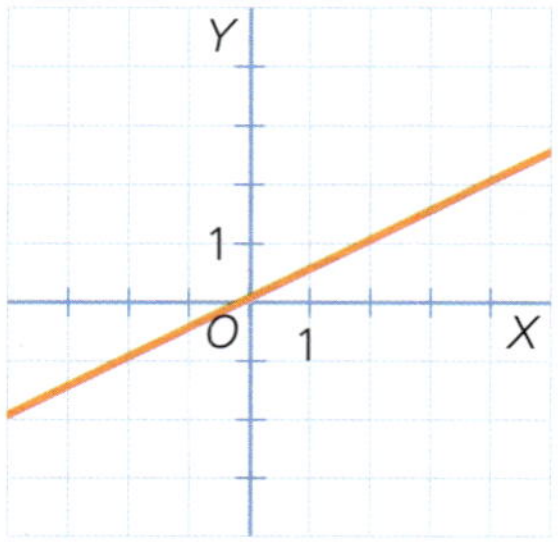


Las dos magnitudes son directamente proporcionales porque:

$$\frac{0,5}{1} = \frac{1}{2} = \frac{1,5}{3} = \frac{2}{4} = 0,5$$

Y su razón de proporcionalidad es 0,5.

## Ten en cuenta

Al calcular un porcentaje, aparecen tres cantidades relacionadas.

Parte = Total · Porcentaje

$$\text{Total} = \frac{\text{Parte}}{\text{Porcentaje}}$$

$$\text{Porcentaje} = \frac{\text{Parte}}{\text{Total}}$$

## Porcentajes

**Calcula el valor de $x$.**

**a) El 23 % de 120 es $x$.** **b) El 15 % de $x$ es 37,5.** **c) El $x$ % de 35 es 2,1.**

a) $120 \cdot 0,23 = x \rightarrow x = 27,6$

b) $x \cdot 0,15 = 37,5 \rightarrow x = \frac{37,5}{0,15} = 250$

c) $35 \cdot x = 2,1 \rightarrow x = \frac{2,1}{35} = 0,06 \rightarrow x = 6\,\%$

## Ten en cuenta

- Para calcular un aumento porcentual, se suma al 100 % el porcentaje que se aumenta y se calcula el porcentaje resultante.
- Para calcular una disminución porcentual, se resta al 100 % el porcentaje que se disminuye y se halla el porcentaje resultante.

## Aumentos y disminuciones porcentuales

**Calcula los precios de los siguientes artículos.**

**a) Una lavadora de 245 € rebajada el 5%.**

**b) Un billete de avión de 190 € que se ha incrementado en un 12 %.**

a) Rebajar el 5 % equivale a calcular el 100 % − 5 % = 95 %.

245 · **0,95** = 232,75 → La lavadora cuesta 232,75 €.

b) Aumentar el 12 % equivale a calcular el 100 % + 12 % = 112 %.

190 · **1,12** = 212,80 → El billete de avión cuesta 212,80 €.

## Razón y proporción

**60** Escribe la razón que relaciona los siguientes pares de magnitudes.

a) Por cada 3 kg de manzanas Amancio compra 2 kg de naranjas.

b) El gasto de agua en el hogar por cada 2 personas es de 82 L.

c) En un collar, por cada dos perlas blancas hay una negra.

**61** Las baldosas del suelo en la casa de Andrea tienen el siguiente patrón.

a) ¿Cuál es la razón entre las baldosas blancas y las naranjas?

b) ¿Cuántas baldosas naranjas hay en el suelo si Andrea ha contado 250 baldosas blancas?

c) ¿Cuál es la razón entre el número de baldosas blancas y el total de baldosas?

d) ¿Cuántas baldosas hay en total?

**62** Alberto tiene pensado pintar su habitación de un tono de azul que quiere hacer a partir de una mezcla de un azul oscuro y de blanco.

a) Escribe las razones entre los vasos de pintura azul y pintura blanca en los siguientes casos.

(I) Cuatro blancos y dos azules.

(II) Dos blancos y dos azules.

(III) Dos blancos y uno azul.

(IV) Uno blanco y tres azules.

b) Ordena las razones anteriores desde el azul más claro al azul más oscuro.

c) Forma una proporción con alguna de las razones.

**63** Halla el valor de $x$ para que formen una proporción.

a) $\dfrac{3,5}{10,5} = \dfrac{x}{12}$

b) $\dfrac{x}{8,4} = \dfrac{2,1}{14,7}$

c) $\dfrac{x}{7} = \dfrac{2,25}{5}$

d) $\dfrac{3}{3,6} = \dfrac{5,7}{x}$

## Proporcionalidad directa

**64** Indica y justifica si las siguientes magnitudes son directamente proporcionales o, por el contrario, no tienen relación de proporcionalidad directa.

a) La estatura de una persona y su talla de camisa.

b) El número de días que permaneces en un hotel y el precio de la estancia.

c) El número de obreros y el tiempo que tardan en realizar una obra.

d) La longitud del lado de un cuadrado y su perímetro.

**65** Piensa y razona si las tablas corresponden a valores de magnitudes directamente proporcionales.

a)

| | | | |
|---|---|---|---|
| **A** | 3 | 7 | 6 |
| **B** | 5 | 4,2 | 10 |

b)

| | | | |
|---|---|---|---|
| **A** | 4 | 6 | 18 |
| **B** | 9 | 6 | 2 |

c)

| | | | |
|---|---|---|---|
| **A** | 2 | 4 | 6 |
| **B** | 3 | 6 | 9 |

d)

| | | | |
|---|---|---|---|
| **A** | 7 | 5 | 1,2 |
| **B** | 17,5 | 12,5 | 3 |

**66** Copia y completa las tablas sabiendo que son magnitudes directamente proporcionales.

a)

| | | | | | |
|---|---|---|---|---|---|
| **A** | 3 | × | 4,5 | 18 | × |
| **B** | × | 6 | 3 | × | 1 |

b)

| | | | | | |
|---|---|---|---|---|---|
| **A** | 4 | 1,2 | × | × | × |
| **B** | 20 | × | 5 | 7 | 50 |

c)

| | | | | | |
|---|---|---|---|---|---|
| **A** | × | 0,5 | 12 | × | 8 |
| **B** | 25,6 | × | × | 5,6 | 6,4 |

**67** Tres billetes de tren han costado 138,75 €. ¿Cuánto costarán 5 billetes?

**68** Para elaborar un bizcocho para 6 personas, Pedro necesita 750 g de harina. Si en casa tiene un paquete de 1 kg de harina, ¿para cuántas personas puede hacer el bizcocho?

**69** Eva ha comprado una bolsa de gominolas. Al pesarlas, le han cobrado 77 CENT por 154 g. ¿Cuánto habría tenido que pagar por una bolsa que pesase 245 g?

**70** Por cada 5 horas de trabajo un empleado cobra 43,75 €; ¿cuánto cobrará por 12 horas de trabajo?

**71** En las recomendaciones de uso de un bote de pintura se indica que con un bote de 4 L se pueden pintar 6 metros cuadrados de superficie.

a) ¿Cuántos metros cuadrados se pueden completar con 18 L de pintura?

b) ¿Cuántos litros se necesitan para pintar una superficie de 27 metros cuadrados?

c) ¿Cuántos botes de pintura hay que comprar para pintar 51 metros cuadrados?

**72** Los obreros de una fábrica cobran según las horas y los días que trabajan. Uno de ellos ha ganado 630 € por trabajar 6 horas diarias durante 8 días.

a) ¿Cuánto dinero ganará un obrero que ha trabajado 8 horas diarias durante 8 días?

b) ¿Cuántas horas al día ha trabajado un obrero que ha ganado 945 € por trabajar 8 días?

**73** Una máquina fabrica 126 botellas en 20 minutos. ¿Cuántas fabricará en una hora y media?

**74** Se quiere repartir unos beneficios de 6 000 € entre tres trabajadores de forma proporcional a los años que llevan en la empresa: 7, 9 y 14, respectivamente. ¿Cuánto recibirá cada uno?

**75** Dos municipios deciden construir una depuradora para sus aguas residuales. Su importe asciende a 1,2 millones de euros, que van a pagar en razón directa a la distancia a la que se encuentran de la depuradora. ¿Cuánto debe pagar cada municipio si uno está a 21 km y el otro a 27 km?

## Representación

**76** Escribe las coordenadas de estos puntos.

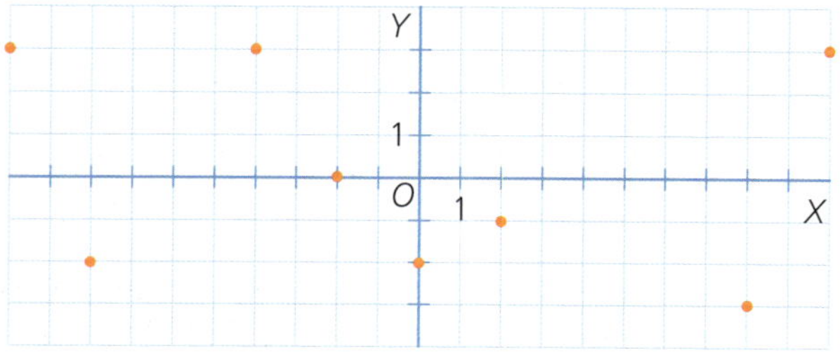


**77** Averigua si las siguientes relaciones entre magnitudes son funciones.

a) El número de alumnos de una clase y el número de alumnos con gafas.

b) El tiempo que dura una llamada y el precio de la misma.

**78** Representa gráficamente la relación que existe entre estas magnitudes directamente proporcionales.

a) Cada 100 km, un coche consume 5,4 L de gasolina.

b) Por cada silla que compra, Rita paga 85 €.

**79** La siguiente tabla muestra la relación entre dos magnitudes directamente proporcionales.

| | | | | |
|---|---|---|---|---|
| **Magnitud A** | 2 | 8 | 10 | 15 |
| **Magnitud B** | 4 | 16 | 20 | 30 |

Representa gráficamente esta relación.

**80** Una familia ha pagado 255 € por una estancia de tres días en un hotel.

a) Razona si la relación que existe entre el número de días que permanece en el hotel y el precio de la estancia es de proporcionalidad directa.

b) Representa gráficamente dicha relación.

## Porcentajes

**81** Escribe como número decimal los siguientes porcentajes.

a) 32 %
b) 8 %
a) 56 %
d) 45,5 %
e) 135 %
f) 250 %

**82** Calcula estos porcentajes.

a) El 27 % de 1 200.
b) El 80 % de 435.
c) El 3 % de 154.
d) El 12 % de 740.
e) El 6,8 % de 4 500.
f) El 155,5 % de 652.

**83** Copia y completa la siguiente tabla.

| Porcentaje | Razón | N.º decimal | Significado |
|---|---|---|---|
| 12 % | × | × | × |
| × | $\frac{6}{20}$ | × | × |
| × | × | 0,45 | × |
| × | × | × | 4 de cada 100 |

**84** Calcula el porcentaje que ocupa la zona coloreada.

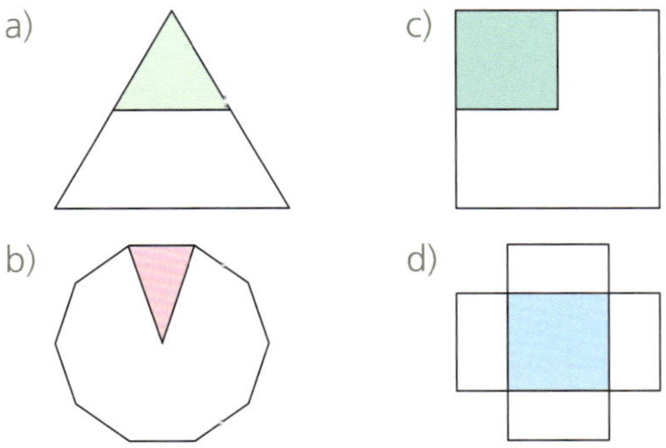

**85** Una fábrica textil especializada en camisetas confecciona en un día de trabajo 4 200 camisetas de colores. En la tabla puedes ver los porcentajes de camisetas de cada color.

| Rojas | Verdes | Negras | Blancas | Azules |
|---|---|---|---|---|
| 15 % | 20 % | 12 % | 16 % | 37 % |

¿Cuántas camisetas fabrica al día de cada color?

**86** Copia y completa las siguientes frases, calculando los resultados que faltan.

a) El 7 % de 365 es ⊡.

b) El ⊡ % de 650 es 78.

c) El 45 % de ⊡ es 129,6.

d) El ⊡ % de 1 250 es 850.

e) El 95 % de 456 es ⊡.

f) El 6 % de ⊡ es 114.

**87** Un accionista posee el 65 % de las acciones de un negocio. Si los beneficios del último año han sido de 65 700 euros, ¿qué cantidad le corresponde de estos beneficios?

**88** Un fabricante asegura que el 85 % de los vasos que elabora su empresa no se rompen al caer al suelo desde una mesa. Para comprobarlo, coge 25 vasos y, uno a uno, los deja caer desde una mesa. Si se rompen 21 vasos, ¿estaba en lo cierto el fabricante?

**89** Un total de 11 592 personas están satisfechas con el servicio de limpieza de su ciudad. Si estos ciudadanos representan el 46 % de toda la población, ¿cuántos habitantes tiene la ciudad?

**90** En la fiesta de cumpleaños de su hermano, Quique se ha comido 9 pasteles. Si habían comprado dos docenas de pasteles, ¿qué porcentaje de pasteles se ha comido?

**91** Calcula, para 150, un aumento y una rebaja de los siguientes porcentajes.

a) 5 %  c) 42 %  e) 95 %

b) 25 %  d) 80 %  f) 99 %

**92** Un billete de avión cuesta 256 € sin incluir las tasas. Si por este concepto hay que añadirle el 18 %, ¿cuánto cuesta el billete?

**93** Un pantalón marcaba en su etiqueta un precio de 46 €. ¿Cuánto hay que pagar si se le aplica una rebaja del 15 %?

**94** Durante el último año, la población de una ciudad ha aumentado el 4 %. Si antes del incremento la ciudad tenía 8 550 habitantes, ¿cuántos tiene ahora?

**95** En un restaurante, el menú costaba 8 €. Si lo han subido un 5 %, ¿cuál será el nuevo precio?

**96** Un frutero ha comprado las naranjas en el mercado central a 1,55 € el kilo y quiere ganar un 15 % con la venta. ¿A qué precio tiene que venderlas?

**97** Un equipo de música que costaba 325 € bajó de precio un 12 % durante las rebajas, pero después volvió a subir un 10 %. ¿Cuál es su precio actual?

**98** Un equipo de biólogos ha estudiado el crecimiento de una planta y ha detectado que cada año su longitud aumenta un 5 %. Si este año la planta mide 54 cm:

a) ¿Cuánto medirá al final del próximo año?

b) ¿Cuánto medirá pasados tres años?

**99** El valor de las acciones de Emilio, tras subir un 2 %, es de 2 193 €. ¿Cuál era su valor anterior?

**100** El precio de un artículo se reduce de 125 € a 107,50 €. ¿Cuál es el porcentaje de rebaja?

# MATEMÁTICAS VIVAS

En 1990 se propuso como uno de los Objetivos de Desarrollo del Milenio reducir a la mitad el porcentaje de personas sin acceso al agua potable.

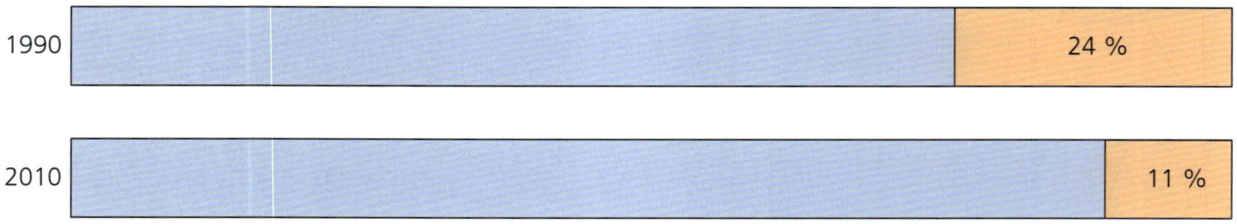


Al finalizar la década, todavía quedaban unos 783 millones de personas que se veían obligadas a beber agua contaminada, poniendo en serio riesgo su salud. La distribución de esta población por zonas geográficas es la siguiente:

## COMPRENDE

PIENSA Y RAZONA

**1** Observa los gráficos anteriores.

**a.** ¿Qué porcentaje de personas tenía acceso al agua potable en 1990? ¿Y en 2010? ¿En qué porcentaje ha aumentado?

**b.** Ordena de menor a mayor las zonas geográficas según su acceso al agua potable. **RESUELVE**

**c.** Si el mundo fuera una aldea con tan solo 100 habitantes, ¿cuántas personas tendrían acceso al agua potable?; ¿cuántas personas no lo tendrían? **ARGUMENTA**

## RELACIONA

**2** **La información dice que, al finalizar 2010, quedaban todavía 783 millones de personas sin acceso al agua potable. La población en América Latina y el Caribe constituye aproximadamente el 8,6 % de toda la población mundial.**

**a.** Teniendo en cuenta este porcentaje, ¿cuál era la población mundial en ese momento?

**b.** ¿Cuántas personas tuvieron acceso al agua potable al finalizar la primera década del siglo XXI? **UTILIZA EL LENGUAJE MATEMÁTICO**

**c.** ¿Cuántas personas tenían acceso al agua potable en esta zona? **RESUELVE**

**d.** ¿Qué porcentaje de población de esa zona no tenía acceso al agua potable y cuántos millones de personas supone?

REFLEXIONA

3 El gráfico muestra la relación entre la disponibilidad de agua potable y la población, expresados, ambos datos, en porcentajes sobre el total de la población mundial y de agua potable de la Tierra.

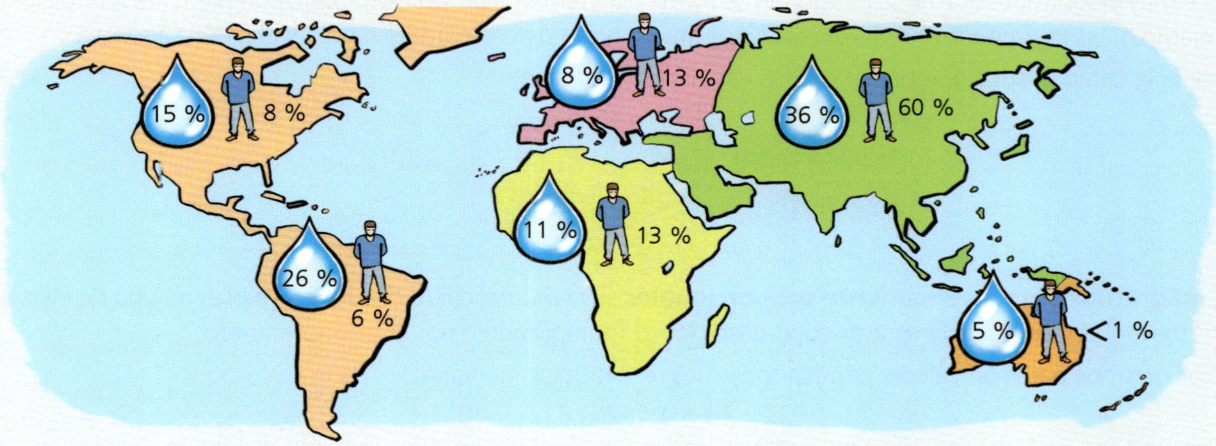


¿Existe alguna relación entre la población que vive en un continente y la cantidad de agua potable en él?

COMUNICA

4 Según las estimaciones de la ONU, una persona debe disponer de 50 L de agua al día.

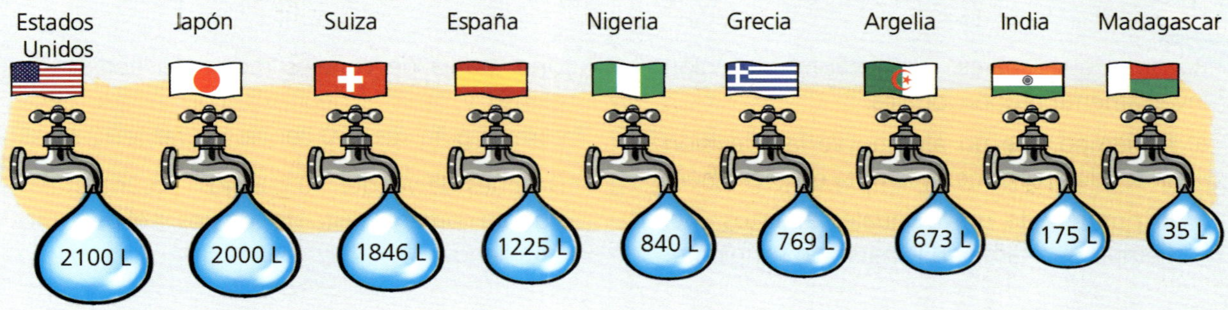


**a.** Determina la razón que relaciona el gasto de agua de un habitante de EEUU y otro de Madagascar.

**b.** Calcula el porcentaje que representa el gasto de agua de un habitante de estos países respecto de los 50 L necesarios por persona.

**c.** Representa estos porcentajes en un mapamundi e interprétalos relacionándolos con el mapa.

RESUELVE

REPRESENTA

TRABAJO COOPERATIVO

**TAREA**

Buscad información sobre el porcentaje de personas que no tienen acceso al agua potable en el mundo y realiza un mapa con la siguiente escala de colores.

- 85 % o más
- 70 - 85 %
- 55 - 70 %
- 40 - 55 %
- menos de 40 %
- sin datos

## AVANZA — Magnitudes inversamente proporcionales

A veces hay magnitudes que no se relacionan de forma directamente proporcional pero cumplen otras condiciones. Por ejemplo, las magnitudes *número de amigos* que aportan dinero para un regalo y el *dinero aportado.*

Observa la característica que presentan los valores en este caso:

· 2 ↓ ↓ : 2

| **N.º de amigos** | 2 | 4 | 8 |
|---|---|---|---|
| **Dinero (€)** | 24 | 12 | 6 |

· 2 ↑ ↑ : 2

Dos **magnitudes** son **inversamente proporcionales** si, al multiplicar (o dividir) los valores de una de ellas por un número, los valores de la otra quedan divididos (o multiplicados) por el mismo número.

Si relacionamos pares de valores correspondientes, el producto no varía.

$$2 \cdot 24 = 4 \cdot 12 = 8 \cdot 6 = \mathbf{48}$$

A este valor se le llama **constante de proporcionalidad inversa.**

Si ahora fuesen 12 amigos se tendría que:

| **N.º de amigos** | 2 | 12 |
|---|---|---|
| **Dinero (€)** | 24 | $x$ |

$$2 \cdot 24 = 48 = 12 \cdot x \rightarrow x = \frac{48}{12} = 4$$

Cada amigo tiene que aportar 4 €.

**A1.** Razona qué pares de magnitudes son inversamente proporcionales.

a) El tiempo que un alumno ve la televisión antes de un examen y la nota en el examen.

b) El número de grifos iguales abiertos y el tiempo que tarda en llenarse un recipiente.

**A2.** Una granja de conejos recibe un pedido de pienso y llena el depósito, con lo que tiene comida para sus 150 conejos durante 12 días.

Después de vender 30 conejos, ¿cuántos días podrán comer el resto de conejos si el depósito está lleno?

## CÁLCULO MENTAL — Estrategia para CALCULAR PORCENTAJES SENCILLOS

**Hay porcentajes sencillos con los que no merece la pena escribir la operación, ya que se pueden hacer mentalmente.**

| | | |
|---|---|---|
| 50 % → divido por 2 | 25 % → divido por 4 | 10 % → divido por 10 |

**Podemos aplicar estrategias similares para aumentos o disminuciones porcentuales.**

| Aumentar 50 %. | Aumentar 25 %. | Aumentar 10 %. | Disminuir 10 %. | Disminuir 25 %. | Disminuir 50 %. |
|---|---|---|---|---|---|
| Añadir la mitad. | Añadir la cuarta parte. | Añadir la décima parte. | Restar la décima parte. | Restar la cuarta parte. | Restar la mitad. |

**CM1.** Calcula mentalmente.

a) 10 % de 48
b) 25 % de 80
c) 50 % de 132
d) 10 % de 536
e) 50 % de 230
f) 10 % de 32
g) 25 % de 92
h) 50 % de 2 500

**CM2.** Calcula mentalmente.

a) ↓ 10 % a 432
b) ↑ 50 % a 600
c) ↑ 25 % a 200
d) ↓ 50 % a 320
e) ↑ 10 % a 500
f) ↑ 50 % a 2 500
g) ↓ 25 % a 400
h) ↓ 10 % a 120

# 8

# ESTADÍSTICA

Si cuando pasen unos años piensas en poner un negocio, es posible que necesites realizar un estudio de mercado. Estos estudios se basan en encuestas que nos aportan datos de interés para la viabilidad de nuestro negocio.

La Estadística trata de organizar y presentar estos datos para ayudar después a tomar decisiones.

### IDEAS PREVIAS

- Cálculo de porcentajes.
- Redondeo de expresiones decimales.
- Expresión de fracciones como números decimales.

## REPASA LO QUE SABES

**1.** Calcula los siguientes porcentajes.

**a)** El 5 % de 250 **c)** El 30 % de 450

**b)** El 12 % de 360 **d)** El 85 % de 620

**2.** Redondea a la centésima los números decimales propuestos.

**a)** 4,095 **c)** 0,3925

**b)** 3,4782 **d)** 4,00712

**3.** Expresa estas fracciones como números decimales.

**a)** $\frac{3}{4}$ **c)** $\frac{12}{25}$

**b)** $\frac{35}{40}$ **d)** $\frac{625}{12500}$

**4.** Encuentra la expresión decimal redondeada a la centésima de las siguientes fracciones.

**a)** $\frac{5}{6}$ **c)** $\frac{37}{85}$

**b)** $\frac{25}{55}$ **d)** $\frac{145}{505}$

### MATEMÁTICAS EN EL DÍA A DÍA

Los orígenes de la Estadística se encuentran en la elaboración de censos de población. Estos permiten conocer las principales características de las personas de una región o de un país.

ma1e30

**Aprenderás a…**

- Conocer y diferenciar entre la población y la muestra de un estudio estadístico.
- Reconocer las variables estadísticas.

## 1. POBLACIÓN Y MUESTRA. VARIABLES

Miguel está interesado en conocer los hábitos de lectura de las personas de su entorno. Para analizar esto, se plantea realizar un **estudio estadístico** basado en un cuestionario.

- Si encuesta a sus familiares, responderán al cuestionario todos los integrantes de su familia.
- Si el cuestionario se dirige a los vecinos de la calle, habrá que ver el número de personas que viven en ella: si son pocas, podrá encuestar a todos los vecinos, pero, si son muchas, preguntar a todos puede llevar demasiado tiempo y Miguel tendría que seleccionar a un grupo de ellos.
- Si decide encuestar a los habitantes de su ciudad, como el número de encuestados sería extremadamente grande, resultaría imposible realizar la encuesta a todos y Miguel tendría que elegir a un grupo.

| **Población** | Familiares | Vecinos de la calle | Habitantes de la ciudad |
|---|---|---|---|
| **Muestra** | No | Depende del número | Sí |

- La **población** de un estudio estadístico son todas las personas u objetos a los que va dirigido el estudio de alguna característica.
- Una **muestra** es una parte de la población que se estudia.
- Los **individuos** son cada uno de los elementos de la población.
- El **tamaño de la muestra** es el número de individuos que la forman.

En su encuesta, Miguel va a estudiar dos características diferentes: por un lado, el *número de libros,* pregunta a la que se responde con un dato numérico y, por otro, el *tipo de lectura,* pregunta a la que se responde con una cualidad y no con un número.

Una **variable estadística** es la característica que se estudia y puede ser:

- **Cuantitativa,** si los datos de la variable son números.
- **Cualitativa,** si los datos de la variable no son números, sino cualidades.

1 Indica razonadamente si estudiarías las siguientes variables estadísticas sobre toda la población o si elegirías una muestra.

a) La intención de voto en las próximas elecciones generales de un país.
b) Los litros de agua que gasta cada uno de los inquilinos de un bloque.
c) El grado de satisfacción con el equipamiento deportivo de una ciudad.
d) La edad de los trabajadores de una multinacional.
e) Las calificaciones obtenidas por los alumnos de una clase de 1.° de ESO en Matemáticas.

2 En un centro escolar con 543 alumnos se va a llevar a cabo una encuesta sobre el grado de satisfacción con la cafetería del centro. Indica cuál es la población, la muestra y los individuos del estudio estadístico.

3 Una franquicia de gimnasios se está planteando si abrir un gimnasio en una ciudad. Para averiguar si la iniciativa va a tener éxito, decide realizar un estudio estadístico sobre los hábitos deportivos de la población. La ciudad tiene 127 432 habitantes y preguntar a todos ellos resulta muy costoso; por este motivo, la empresa decide elegir al azar a 420 personas y realizar con ellas el estudio. Indica cuál es la población, la muestra y los individuos del estudio estadístico.

4 Razona cuáles de estas variables son cualitativas y cuáles cuantitativas.

a) El color de los ojos.
b) La altura de una persona.
c) El número de barras de pan que compra una familia a diario.
d) La profesión de una persona.
e) La marca de refresco preferida.

5 Copia y completa la siguiente tabla.

| Estudio estadístico | Población | ¿Se necesita muestra? | Variable estadística | Tipo de Variable |
|---|---|---|---|---|
| Reciclaje en una ciudad | × | × | × | × |
| × | Ciudadanos europeos | × | × | × |
| × | × | No | × | × |
| × | × | × | Color de los ojos | × |
| × | × | × | × | Cuantitativa |

**Presta atención**

La elección de los integrantes de la muestra es uno de los pasos más importantes de un estudio estadístico. Por ejemplo, si realizamos la encuesta en la entrada de una biblioteca, los resultados no van a reflejar la realidad de toda población, sino de las personas que van a la biblioteca.

**Investiga**

6 La creación del Instituto Nacional de Estadística (INE) marca el comienzo de la estadística oficial en España. El 3 de noviembre de 1856, el general Narváez, presidente del Consejo de Ministros de Isabel II, firma un decreto por el que se crea una comisión compuesta por personas de reconocida capacidad para la formación de la Estadística General del Reino. Este es el comienzo del Instituto Nacional de Estadística.

Consulta en su página web, www.ine.es, las diferentes estadísticas que realiza esta institución.

**Aprenderás a…**

- Resumir la información de un estudio estadístico en una tabla de frecuencias.

## 2. TABLAS DE FRECUENCIAS

Al tomar una muestra de 20 personas, Miguel ha obtenido estas respuestas en su encuesta tras preguntar por el número de libros leídos y el tipo de lectura.

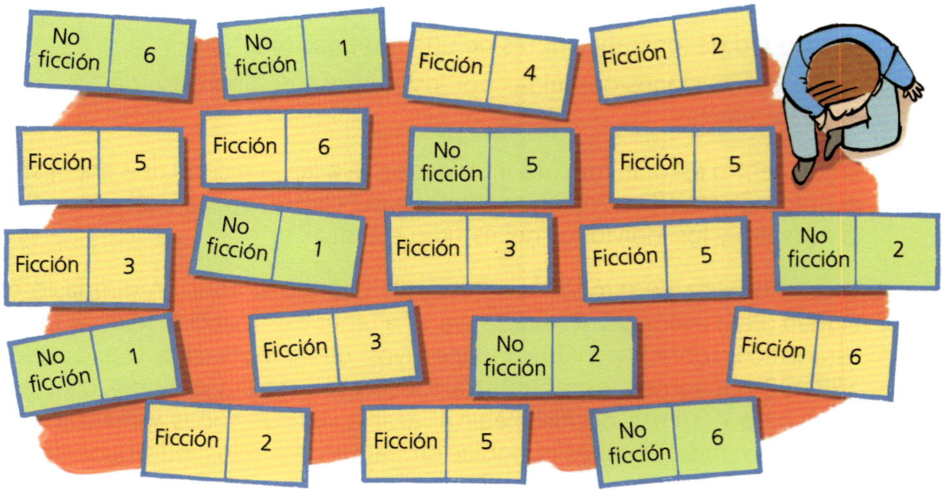


**Presta atención**

Antes de construir una tabla de frecuencias, es conveniente realizar un recuento. Para ello, ordenamos los datos y anotamos el número de veces que aparece cada uno.

**Recuento**

| | | |
|---|---|---|
| 1 | ||| | 3 |
| 2 | |||| | 4 |
| 3 | ||| | 3 |
| 4 | | | 1 |
| 5 | ~~||||~~ | 5 |
| 6 | |||| | 4 |

Al realizar el recuento, obtenemos la frecuencia absoluta de cada dato.

Con la recogida de datos, Miguel no logra tener claro cuáles son los resultados de la encuesta, por lo que decide organizarlos en una tabla, indicando el número de veces que aparece cada dato.

| **Número de libros** | 1 | 2 | 3 | 4 | 5 | 6 | **Total** |
|---|---|---|---|---|---|---|---|
| **Número de veces** | 3 | 4 | 3 | 1 | 5 | 4 | 20 |

| **Tipo de lectura** | Ficción | No ficción | **Total** |
|---|---|---|---|
| **Número de veces** | 12 | 8 | 20 |

La **frecuencia absoluta** de un dato es el número de veces que se repite. La suma de las frecuencias absolutas es el número total de datos.

Si aumentamos el número total de datos, se incrementará también el tamaño de cada frecuencia absoluta y no podremos comparar los resultados. Para poder compararlos, Miguel añade una columna en la tabla en la que incluye el resultado de calcular el cociente entre la frecuencia absoluta y el número total de datos.

**Lenguaje matemático**

Si sumamos las frecuencias de los datos menores o iguales a uno dado, obtenemos las frecuencias acumuladas.

| **N.° de libros** | 1 | 2 | 3 | 4 | 5 | 6 | **Total** |
|---|---|---|---|---|---|---|---|
| **Frecuencia absoluta** | 3 | 4 | 3 | 1 | 5 | 4 | 20 |
| **Frecuencia relativa** | $\frac{3}{20}$ | $\frac{4}{20}$ | $\frac{3}{20}$ | $\frac{1}{20}$ | $\frac{5}{20}$ | $\frac{4}{20}$ | 1 |

| **Tipo de lectura** | Ficción | No ficción | **Total** |
|---|---|---|---|
| **Frecuencia absoluta** | 12 | 8 | 20 |
| **Frecuencia relativa** | $\frac{12}{20} = 0,6$ | $\frac{8}{20} = 0,4$ | 1 |

**Presta atención**

Las frecuencias relativas se pueden expresar como fracciones o como números decimales.

La **frecuencia relativa** de un dato es el cociente entre su frecuencia absoluta y el número total de datos. La suma de las frecuencias relativas es igual a 1.

**7** El tiempo de espera, en minutos, de un grupo de 20 personas en una parada de autobús urbano ha sido el siguiente:

5 6 5 2 4    6 5 5 3 7    5 8 1 4 5    6 5 1 4 2

Ordena los datos en una tabla de frecuencias.

**8** Una empresa textil realiza una encuesta a 40 personas sobre cuál es su color preferido. Para cumplimentar el cuestionario, los encuestados tienen que marcar el color que más les guste de entre los siguientes.

| ROSA (R) | AMARILLO (A) | VERDE (V) | NARANJA (N) |
|---|---|---|---|

Los resultados han sido:

R A V R V    A N V R A    A R N V A    R A V N N
V A N N A    A A R R V    A A R N V    A N A R V

Elabora una tabla de frecuencias.

**9** Un equipo de fútbol está formado por 24 jugadores, cuyas edades son:

18 22 24 22    23 23 24 25    26 22 23 24
22 25 25 22    22 23 23 25    19 18 23 22

Ordena los datos en una tabla de frecuencias.

**10** En estas tablas faltan datos. Cópialas y completa las frecuencias.

a)

| Nivel de Inglés | Frecuencia absoluta | Frecuencia relativa |
|---|---|---|
| Alto | 12 | × |
| Medio | 30 | × |
| Bajo | × | 0,16 |
| | 50 | × |

b)

| N.º de hermanos | Frecuencia absoluta | Frecuencia relativa |
|---|---|---|
| 0 | 4 | × |
| 1 | 6 | 0,2 |
| 2 | × | 0,4 |
| 3 | 5 | × |
| 4 | 3 | × |
| | × | 1 |

**Presta atención**

Podemos expresar las frecuencias relativas como porcentajes multiplicando cada una de ellas por 100.

**11** En las últimas elecciones al consejo escolar, cuatro candidatos han tenido los siguientes resultados en los cinco grupos de 1.º de ESO.

| | 1.º A | 1.º B | 1.º C | 1.º D | 1.º E |
|---|---|---|---|---|---|
| **Candidato 1** | 8 | 4 | 12 | 5 | 6 |
| **Candidato 2** | 5 | 7 | 8 | 7 | 10 |
| **Candidato 3** | 12 | 11 | 5 | 10 | 11 |
| **Candidato 4** | 7 | 9 | 6 | 7 | 5 |

a) ¿Qué candidato ha ganado las elecciones?

b) ¿Cuál ha sido el candidato ganador en cada clase?

c) ¿En qué clase ha obtenido los mejores resultados cada candidato?

**DESAFÍO**

**12** La tabla muestra las frecuencias absolutas de los datos de un estudio estadístico y las frecuencias relativas, con un redondeo de dos decimales. ¿Por qué no suman 1 las frecuencias relativas?

| Dato | A | B | C | D | E | F |
|---|---|---|---|---|---|---|
| Frecuencia absoluta | 5 | 6 | 6 | 7 | 5 | 6 |
| Frecuencia relativa | 0,14 | 0,17 | 0,17 | 0,20 | 0,14 | 0,17 |

**Aprenderás a…**

- Representar mediante un diagrama de barras los datos de un estudio estadístico.
- Interpretar diagramas de barras.

## 3. DIAGRAMAS DE BARRAS

Para organizar los datos de su estudio, además de las tablas de frecuencias, Miguel decide elaborar un gráfico con los resultados.

| **Número de libros** | 1 | 2 | 3 | 4 | 5 | 6 |
|---|---|---|---|---|---|---|
| **Frecuencia absoluta** | 3 | 4 | 3 | 1 | 5 | 4 |

1. Representamos en el eje horizontal el número de libros leídos, y en el eje vertical construimos una escala con los valores de la frecuencia absoluta.

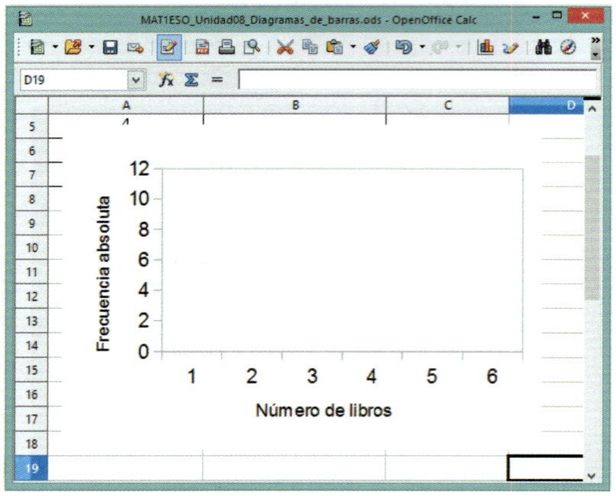


2. Dibujamos sobre cada dato de la variable una barra cuya longitud es el valor de la frecuencia absoluta correspondiente.

   El gráfico que resulta se llama **diagrama de barras.**

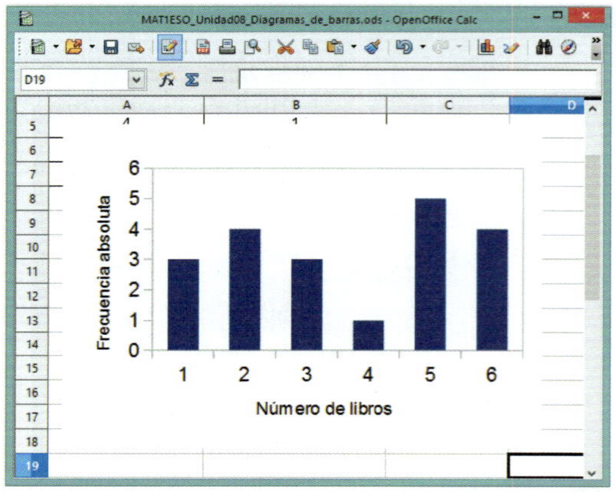


3. Si la variable estadística es cuantitativa, como en este caso, podemos unir el extremo superior de las barras.

   Obtenemos así un nuevo gráfico denominado **polígono de frecuencias.**

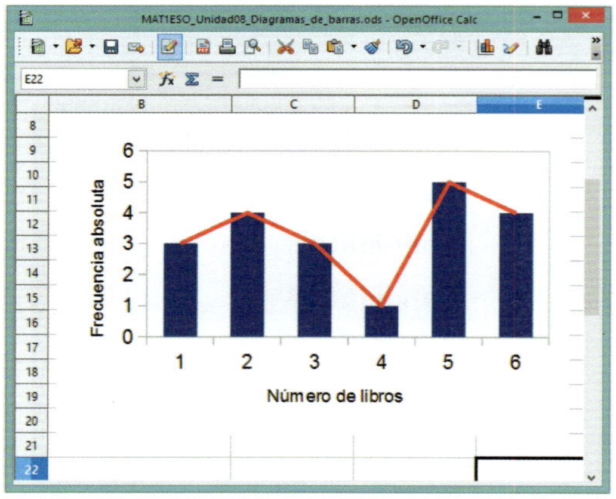


ma1e3

**Presta atención**

En un diagrama de barras, todas las barras son del mismo grosor y la separación entre ellas es uniforme.

**Presta atención**

Los diagramas de barras se pueden utilizar para representar variables estadísticas cualitativas o cuantitativas, mientras que los polígonos de frecuencias solo se emplean para variables cuantitativas.

Un **diagrama de barras** es un gráfico en el que se representa:

- Un eje horizontal con los datos de la variable.
- Un eje vertical con las frecuencias absolutas.

Sobre cada dato de la variable se dibuja una barra cuya longitud es la frecuencia absoluta de ese dato.

13 Se ha realizado un cuestionario a 30 personas en el que se preguntaba por el número de televisores que tienen en casa. Las respuestas han sido:

2 3 2 4 1    3 2 1 0 2
3 4 1 1 2    0 2 4 2 1
3 2 1 4 1    1 1 2 3 2

Realiza un diagrama de barras que represente estos datos.

14 Los resultados de una encuesta realizada a un grupo de 20 personas sobre cuál es la principal actividad que practican en su tiempo libre son:

| | | | |
|---|---|---|---|
| amigos | deporte | idiomas | amigos |
| deporte | idiomas | amigos | lectura |
| idiomas | deporte | deporte | lectura |
| deporte | amigos | amigos | idiomas |
| cine | lectura | amigos | lectura |

Elabora el diagrama de barras correspondiente.

15 En un comedor escolar se ha preguntado por la fruta preferida de un grupo de alumnos.

| Fruta | Frecuencia absoluta |
|---|---|
| Naranja | 12 |
| Manzana | 25 |
| Pera | 15 |
| Plátano | 8 |

Construye el diagrama de barras correspondiente.

16 En un centro escolar se ha pasado un test de percepción espacial a 32 alumnos. Los resultados han sido los siguientes:

| Puntuación | Frecuencia absoluta |
|---|---|
| 0 | 2 |
| 1 | 9 |
| 2 | 18 |
| 3 | 15 |
| 4 | 5 |
| 5 | 1 |

Organiza los datos en un diagrama de barras.

17 Este diagrama de barras refleja los resultados de una encuesta sobre el medio de transporte utilizado en las vacaciones.

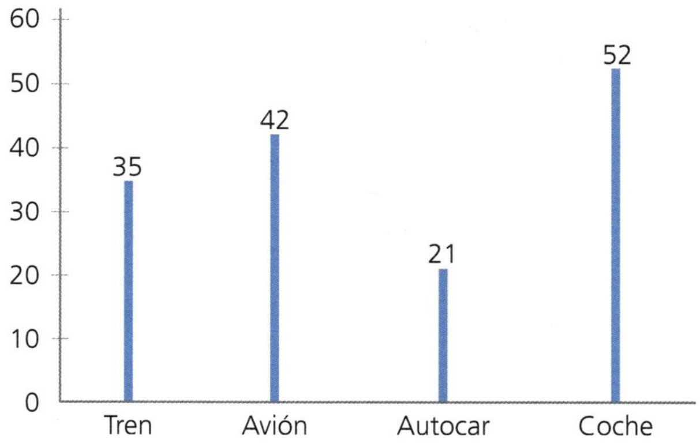


a) ¿Cuál es el tamaño de la muestra en la encuesta?

b) ¿Cuál es el medio de transporte más utilizado? ¿Y el menos utilizado?

c) ¿Cuántas personas prefieren viajar por carretera?

18 El siguiente diagrama de barras muestra el número de coches que se han vendido en un concesionario durante una semana.

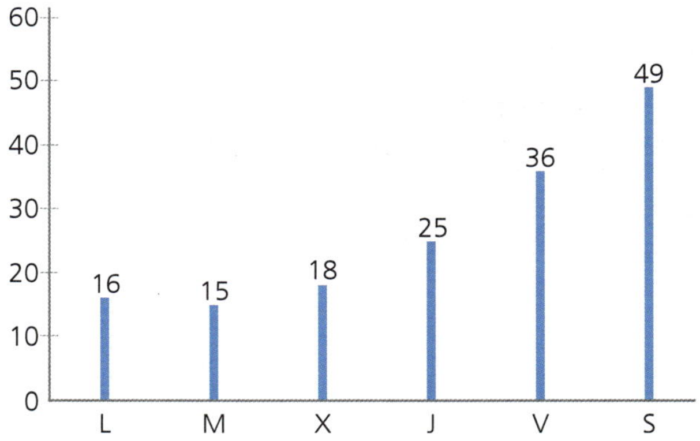


a) ¿Cuál es la variable que estamos estudiando? ¿Es cualitativa o cuantitativa?

b) Construye una tabla de frecuencias con los datos que representa el diagrama de barras.

c) ¿Es posible dibujar el polígono de frecuencias correspondiente? Si es así, copia el diagrama y dibújalo.

d) ¿Qué día se producen más ventas?

e) ¿Cuántas ventas ha habido en total durante toda la semana?

**Investiga**

19 A veces, en lugar de trazar una barra, se utilizan dibujos representativos de la variable estadística estudiada con un tamaño proporcional a la frecuencia. Estos gráficos reciben el nombre de **pictogramas.**

Localiza algunos de estos pictogramas en distintos medios de comunicación y dibújalos en tu cuaderno.

**Aprenderás a…**

- Representar mediante un diagrama de sectores los datos de un estudio estadístico.
- Interpretar diagramas de sectores.

## 4. DIAGRAMAS DE SECTORES

Miguel va a realizar un gráfico para la otra pregunta del cuestionario, la relativa al tipo de lectura preferida. En este caso, la variable es cualitativa y tiene pocos datos. Le parece más representativo partir de un círculo y representar cada dato en un sector circular cuya amplitud sea proporcional a su frecuencia absoluta.

| Tipo de lectura | Ficción | No ficción |
|---|---|---|
| Frecuencia absoluta | 12 | 8 |

Para obtener este gráfico:

1. Calculamos la amplitud del sector circular que representa a cada dato de la variable planteando una proporción.

$$\frac{\text{grados del sector}}{360^\circ} = \frac{\text{frecuencia absoluta}}{\text{n.º total de datos}}$$

- Si $x$ son los grados del sector circular del primer dato:

$$\frac{x}{360^\circ} = \frac{12}{20} \rightarrow x = \frac{12 \cdot 360^\circ}{20} = 216^\circ$$

- Si $x$ son los grados del sector circular del segundo dato:

$$\frac{x}{360^\circ} = \frac{8}{20} \rightarrow x = \frac{8 \cdot 360^\circ}{20} = 144^\circ$$

2. Dibujamos un círculo y con un transportador identificamos la amplitud de cada sector. En cada uno anotamos el dato y su frecuencia o su porcentaje.

- El primer dato representa este porcentaje:

$$\frac{216}{360} \cdot 100 = 60 \rightarrow 60\,\%$$

- El segundo dato representa este porcentaje:

$$\frac{144}{360} \cdot 100 = 40 \rightarrow 40\,\%$$

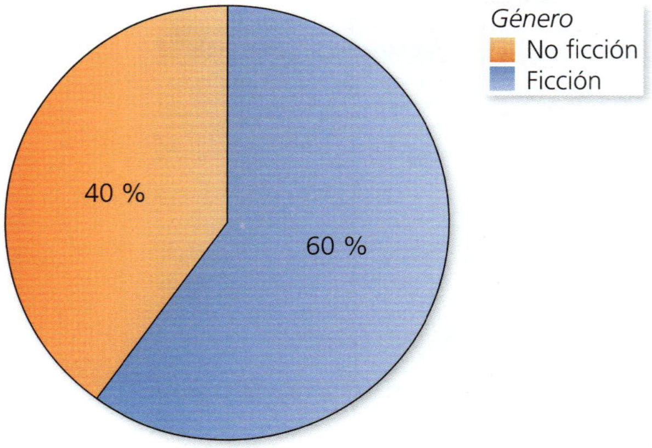


El gráfico que resulta se llama **diagrama de sectores.**

Un **diagrama de sectores** es un gráfico en el que se representan los datos en un círculo dividido en sectores circulares cuya amplitud es proporcional a la frecuencia absoluta del dato representado.

**Presta atención**

Para dibujar un diagrama de sectores, se necesita un compás y un transportador de ángulos o utilizar medios informáticos.

**Presta atención**

Los diagramas de sectores se suelen emplear para estudiar variables estadísticas cualitativas.

**20** Susana ha apuntado el tiempo que ha hecho cada día de sus últimas vacaciones.

| | | | | |
|---|---|---|---|---|
| soleado | soleado | nublado | soleado | nublado |
| lluvioso | lluvioso | nublado | nublado | lluvioso |
| lluvioso | nublado | soleado | nublado | nublado |
| soleado | soleado | soleado | soleado | soleado |

Realiza un diagrama de sectores que represente estos datos.

**21** Durante los cuarenta partidos de liga, el delantero centro de un equipo ha metido estos goles:

12120 11311 01210 12121
01012 01111 01002 20311

Representa los datos en un diagrama de sectores.

**22** La tabla muestra los resultados de la primera evaluación de una clase de 1.º de ESO.

| Número de suspensos | Frecuencia absoluta |
|---|---|
| 0 | 9 |
| 1 | 6 |
| 2 | 3 |
| 3 | 6 |
| 4 | 3 |
| Más de 4 | 3 |

Construye un diagrama de sectores que represente estos datos.

**23** Se ha realizado una encuesta entre los alumnos de una clase sobre el género de la última película que han visto. Elabora un diagrama de sectores.

| Género | Frecuencia absoluta |
|---|---|
| Acción | 12 |
| Comedia | 18 |
| Romántica | 6 |
| Terror | 12 |

**24** Estos son los resultados de una encuesta realizada a los jóvenes de una ciudad en relación con el número de días a la semana que practican alguna actividad deportiva.

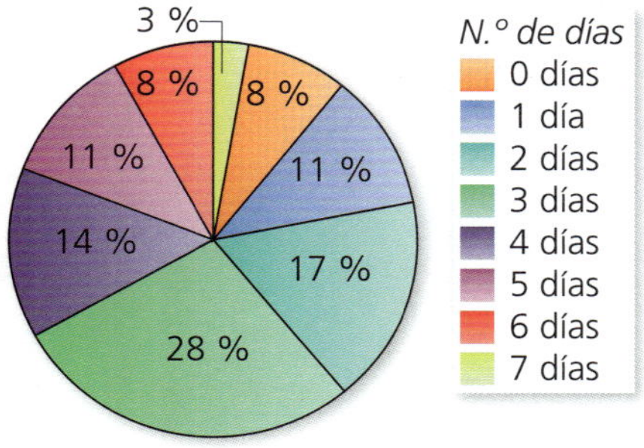


a) ¿Cuál es el mayor número de días dedicados por los jóvenes de esta ciudad a hacer deporte?

b) ¿Qué porcentaje de jóvenes realiza deporte más de 4 días?

c) Si la encuesta se ha llevado a cabo sobre una muestra 250 jóvenes, ¿cuántos han contestado que realizan deporte 3 días?

**25** Los siguientes diagramas reflejan los resultados relativos a las horas de estudio y el número de suspensos de una clase de 1.º de ESO.

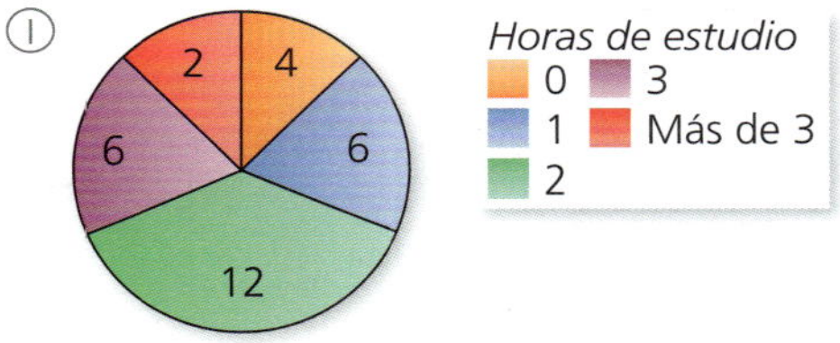


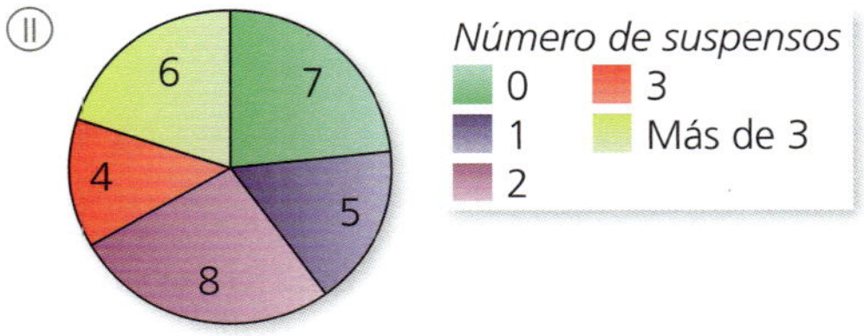


a) ¿Cuántos alumnos estudian más de 2 horas?

b) ¿Cuántos alumnos aprueban todas las materias?

c) Explica razonadamente si existe alguna relación entre los dos gráficos.

**DESAFÍO**

**26** Analiza los errores en los siguientes diagramas de sectores.

a)

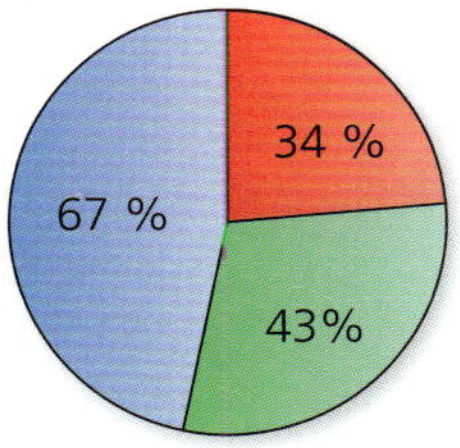


b)

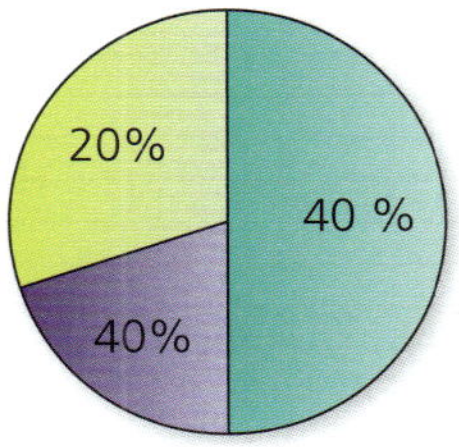


c)

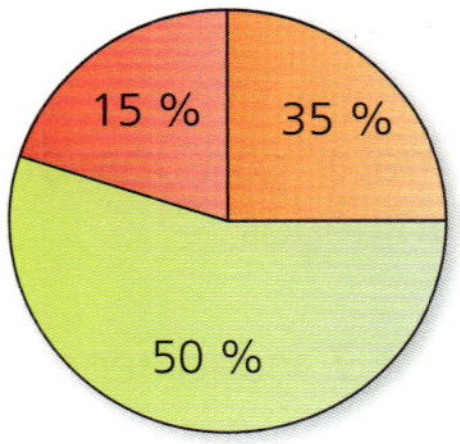

**Aprenderás a…**

- Calcular la moda y la media de los datos de un estudio estadístico.

## 5. MODA Y MEDIA

Una empresa de refrescos vende su producto en tres tipos de envases. Para reducir costes, decide fabricar uno solo y realiza una encuesta en la que pregunta por el envase más utilizado. Los resultados han sido los siguientes:

| Tipo de envase | Frecuencia absoluta |
|---|---|
| 33 cl | 7 |
| 1 L | 3 |
| 1,5 L | 3 |

La empresa decide quedarse solo con el envase cuyo dato más se repite, esto es, el de 33 cl. Decimos que el dato más repetido es la moda de los datos.

> La **moda** de un conjunto de datos es el dato que tiene mayor frecuencia absoluta.

Para calcular la nota final del trimestre, el profesor de Ana le dice que tiene que hacer la **media aritmética** de las cinco notas que ha sacado en esta evaluación. Sus calificaciones han sido: 6,5 5 7,5 8 7

Para hallar la nota media de Ana, sumamos todas las notas y las dividimos entre el número total de calificaciones:

$$\frac{6,5+5+7,5+8+7}{5} = \frac{34}{5} = 6,8$$

La nota media de Ana en el trimestre es de 6,8.

> La **media aritmética** de un conjunto de datos es la suma de todos los datos dividida por el número total de datos.

**Lenguaje matemático**

Para representar la moda, utilizamos *Mo*, y para la media, $\overline{x}$.

**EJERCICIO RESUELTO**

▶ Una de las preguntas del cuestionario de un estudio sobre el uso de los videojuegos es: *¿Cuántos videojuegos has comprado en el último año?* Las respuestas de los encuestados han sido:

0 2 3 2 4 5 2 2 4 5 0 1 3 2 1 2 4 4 2 1 3 4 5 3 5 4 2 0 1 4

Calcula la moda y la media de estos datos.

Solución

ma1e32

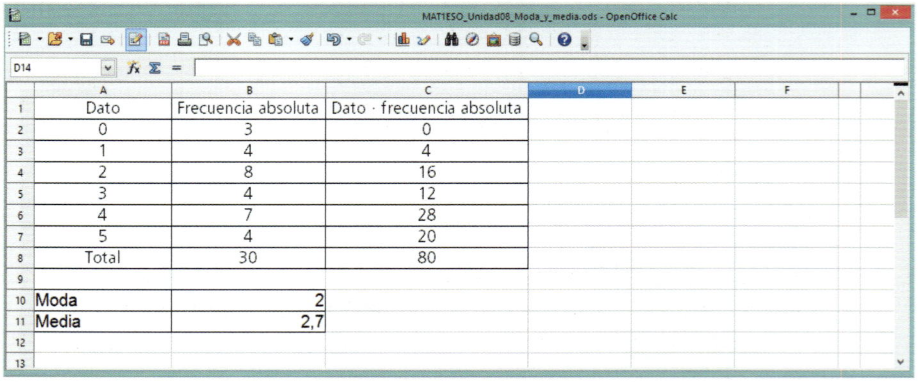


| | A | B | C |
|---|---|---|---|
| 1 | Dato | Frecuencia absoluta | Dato · frecuencia absoluta |
| 2 | 0 | 3 | 0 |
| 3 | 1 | 4 | 4 |
| 4 | 2 | 8 | 16 |
| 5 | 3 | 4 | 12 |
| 6 | 4 | 7 | 28 |
| 7 | 5 | 4 | 20 |
| 8 | Total | 30 | 80 |
| 9 | | | |
| 10 | Moda | 2 | |
| 11 | Media | 2,7 | |
| 12 | | | |
| 13 | | | |

La moda es el dato con mayor frecuencia: 2 videojuegos

La media es: $\frac{80}{30} = 2,7$ videojuegos

**27** Indica cuál es la moda de los siguientes datos.

a) 2, 3, 2, 4, 5, 2, 2, 3, 4, 3, 5

b) Blanco, rojo, blanco, blanco, rojo, rojo, rojo

c) Sí, no, no, no, sí, sí, no, no, sí, sí, no

d) 0, 1, 1, 1, 0, 1, 1, 0, 0, 1, 1, 1

**28** En un estudio estadístico sobre la edad de los usuarios de la biblioteca del barrio de Lucía, se ha elegido una muestra y estas son sus edades:

23 35 18 14 36 45 31 48 21 19

Calcula la media de edad de los usuarios de esta biblioteca.

**29** La tabla muestra el número de dispositivos móviles en 45 hogares:

| N.º de dispositivos móviles | N.º de hogares |
|---|---|
| 0 | 2 |
| 1 | 10 |
| 2 | 12 |
| 3 | 14 |
| 4 | 6 |
| 5 | 1 |

Calcula la moda y la media aritmética.

**30** A los alumnos de una clase de 1.º de ESO se les ha preguntado por su tipo de programa de televisión favorito. Estas han sido sus respuestas.

| Tipo de programa | N.º de alumnos |
|---|---|
| Películas | 7 |
| Informativos | 3 |
| Concursos | 12 |
| Deportivos | 12 |

Decide cuál es la moda.

**31** En una maternidad se han tomado los pesos, en kilogramos, de 24 recién nacidos:

3,2 2,6 2,5 3,4 3,8 3,0 3,7 3,3
2,9 3,5 2,9 3,3 3,5 3,2 3,1 2,8
3,6 3,6 3,5 3,1 2,4 3,4 3,4 3,6

Calcula la media del peso de los recién nacidos en la maternidad.

**32** Se ha lanzado un dado 30 veces y se han obtenido los siguientes resultados:

1 4 2 6 1 4 5 2 4 1
4 3 3 5 1 2 3 5 1 1
3 2 3 5 6 2 1 4 2 6

Realiza una tabla de frecuencias. Calcula la moda y la media aritmética.

**33** El siguiente gráfico recoge los datos de una encuesta realizada a 42 850 personas sobre el estado de la circulación en cierta ciudad.

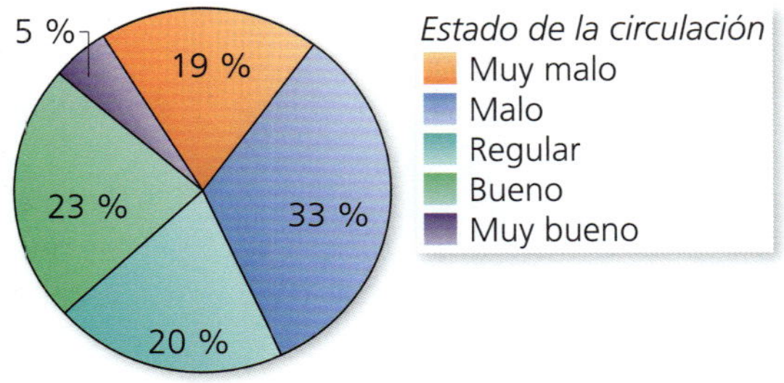


¿Cuál es la moda?

**34** El siguiente diagrama de barras muestra el número de visitas que registra una página web en una semana.

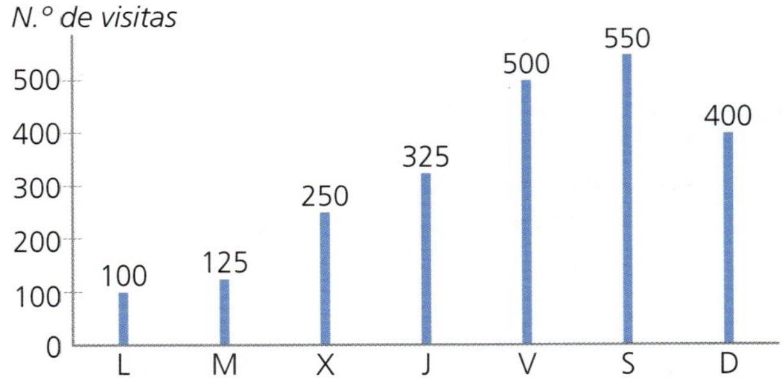


Halla la media y la moda.

**35** Este polígono de frecuencias marca la temperatura, en °C, en una ciudad durante cinco días.

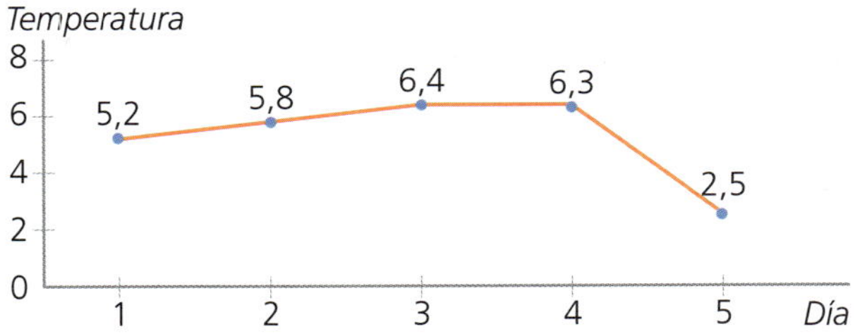


¿Cuál es la temperatura media?

**DESAFÍO**

**36** Marta tiene una calificación media de 7,5 en la última evaluación de Matemáticas. En esta evaluación no quiere bajar la nota y ya ha hecho tres exámenes. La nota de la evaluación se calcula haciendo la media de los cuatro exámenes. Si ha sacado un 6,2, un 5,8 y un 8,5, ¿qué nota tiene que sacar como mínimo en el próximo examen?

**Aprenderás a…**

- Calcular el rango y la mediana de los datos de un estudio estadístico.

## 6. RANGO Y MEDIANA

Sergio quiere comprobar cuál ha sido la diferencia de temperatura en su ciudad durante los últimos 15 días. Para ello, ha ido anotando la temperatura que hacía esos días a la misma hora y ha obtenido estos datos:

15 °C 12 °C 18 °C 20 °C 16 °C 12 °C **9 °C**

14 °C 20 °C **22 °C** 21 °C 20 °C 21 °C 19 °C 20 °C

Como la temperatura mayor ha sido de 22 °C, y la menor, de 9 °C, la diferencia entre ellas es: 22 − 9 = 13

Luego, la diferencia de temperatura ha sido de 13 °C.

El **rango o recorrido** de un conjunto de datos es la diferencia entre el dato mayor y el menor.

Sergio se pregunta qué temperatura se encuentra justo en el centro de la serie, es decir, cuál tiene el mismo número de datos por encima que por debajo. Para establecer esto:

1. Escribimos todos los datos ordenados de menor a mayor.

   9 12 12 14 15 16 18 19 20 20 20 20 21 21 22

2. Buscamos el valor que ocupa la posición central.
   - Si el número de datos es impar, elegimos el dato que ocupa la posición central.
   - Si el número de datos es par, elegimos la media de los dos datos centrales.

   En este caso, hay 15 datos. Al ser un número impar, elegimos el dato central, es decir, el que ocupa la posición octava.

   9 12 12 14 15 16 18 **19** 20 20 20 20 21 21 22

   7 datos — Mediana — 7 datos

El valor de la mediana es 19 °C, ya que hay el mismo número de días con una temperatura mayor que menor.

**Lenguaje matemático**

Para representar el rango, utilizamos *R*, y para la mediana, *Me*.

La **mediana** de un conjunto de datos es el valor que ocupa la posición central una vez ordenados los datos, es decir, aquel que tiene tantos datos mayores como menores que él.

**EJERCICIO RESUELTO**

▶ **Calcula la mediana de las estaturas de este grupo de amigos:**

**172 cm 168 cm 165 cm 160 cm 170 cm 162 cm 174 cm 164 cm 171 cm 177 cm**

Solución

Ordenamos los datos de menor a mayor:

160 162 164 165 **168** **170** 171 172 174 177

5 datos — Mediana — 5 datos

Como hay un número par de datos, 10, para calcular la mediana hallamos la media de los dos datos centrales.

$$\frac{168 + 170}{2} = 169$$

La mediana de la estatura es 169 cm.

**37** Calcula el rango de los siguientes conjuntos de datos.

a) 12, 15, 17, 19, 25, 28, 28, 32, 35

b) 45, 56, 98, 103, 145, 235, 350

**38** Halla el rango de estos datos.

a) 23, 24, 28, 29, 24, 26, 22, 20, 25, 31, 6

b) 9, 3, 12, 3, 8, 15, 12, 5, 7, 3, 14, 11

**39** Calcula la mediana de los siguientes datos.

a) 12, 15, 17, 17, 20, 21

b) 12, 15, 17, 17, 20, 21, 22

c) 11, 25, 17, 17, 20, 21

d) 11, 25, 17, 17, 20, 21, 22

**40** Halla el rango y la mediana.

a)

| **Dato** | 0 | 1 | 2 | 3 |
|---|---|---|---|---|
| **Frecuencia absoluta** | 4 | 3 | 2 | 6 |

b)

| **Dato** | 0 | 1 | 2 | 3 |
|---|---|---|---|---|
| **Frecuencia absoluta** | 5 | 2 | 7 | 2 |

**41** Los siguientes datos muestran el número de periódicos comprados por un grupo de personas durante la última semana.

| **N.º de periódicos** | 0 | 1 | 2 | 3 | 4 | 5 | 6 | 7 | 8 | 9 |
|---|---|---|---|---|---|---|---|---|---|---|
| **N.º de personas** | 3 | 2 | 4 | 5 | 8 | 3 | 2 | 1 | 1 | 2 |

Calcula la mediana de estos datos.

**42** El siguiente diagrama de barras muestra la edad de un grupo de amigos que asisten a una fiesta de cumpleaños.

Calcula el rango y la mediana de las edades.

**DESAFÍO**

**43** De la misma forma que la mediana, podemos definir los **cuartiles.** Después de ordenar los datos, podemos calcular dos cuartiles:

- El primer cuartil deja el 25 % de los datos a su izquierda.
- El tercer cuartil deja el 75 % de los datos a su izquierda.

Si tenemos 10 datos, el primer cuartil es la media entre el segundo dato y el tercero, y el tercer cuartil, la media entre el séptimo dato y el octavo.

Halla los cuartiles de los siguientes datos: 2, 4, 7, 3, 9, 6, 4, 7, 9, 5

## Las aplicaciones se llevan el 86 % del tiempo con el móvil

**El navegador web sigue perdiendo terreno en la telefonía**

Ni HTML 5 ni nada. Las aplicaciones no son un fenómeno pasajero o, al menos, no tan pasajero como se pensaba cuando nació el fenómeno. Según el estudio de Flurry, en el último año los norteamericanos con teléfono móvil que se conectaban a Internet pasaron el 86 % del tiempo con aplicaciones, y solo el 14 % restante lo pasó conectado al navegador.

Los datos profundizan en las tendencias marcadas hace un año, que también analizó la misma empresa, especializada en medir el tráfico con el móvil. Si hace un año el consumidor se pasaba al día 2 horas y 38 minutos con el móvil, ahora son cuatro minutos más. De ese tiempo, las aplicaciones se llevan seis puntos porcentuales más que hace un año, con 2 horas y 19 minutos frente a los 22 minutos en los que se emplea el navegador web.

Fuente: elpais.com

Fernando no cree que los datos de este estudio reflejen el uso del móvil en España. Para comprobarlo, decide hacer un estudio similar con cinco compañeros de su clase. Cada uno va a anotar el tiempo, en minutos, que pasan navegando por Internet y utilizando *apps* en el móvil.

| | | | | | |
|---|---|---|---|---|---|
| **Internet** | 70 | 50 | 70 | 90 | 60 |
| ***Apps*** | 90 | 75 | 180 | 110 | 100 |

¿Se ajustan estos datos a la noticia?

### Analiza la pregunta

**¿Se ajustan estos datos a la noticia?**

*Los norteamericanos [...] pasaron el 86 % del tiempo con aplicaciones, y solo el 14 % restante lo pasó conectado al navegador.*

Tenemos que comprobar si los datos recogidos muestran los mismos porcentajes que los de la noticia.

### Busca los datos

La tabla incluye los datos para resolver el problema.

### Utiliza las matemáticas

Calculamos primero el porcentaje de tiempo que cada uno de los alumnos pasa conectado a Internet y el que dedica a manejar *apps* y, después, la media de estos porcentajes.

| Tiempo dedicado a Internet | Tiempo dedicado a *apps* |
|---|---|
| $\frac{70}{70+90} = 0{,}4375 \rightarrow 44\,\%$ | $\frac{90}{70+90} = 0{,}5625 \rightarrow 56\,\%$ |
| $\frac{50}{50+75} = 0{,}4 \rightarrow 40\,\%$ | $\frac{75}{50+75} = 0{,}6 \rightarrow 60\,\%$ |
| $\frac{70}{70+180} = 0{,}28 \rightarrow 28\,\%$ | $\frac{180}{70+180} = 0{,}72 \rightarrow 72\,\%$ |
| $\frac{90}{90+110} = 0{,}45 \rightarrow 45\,\%$ | $\frac{110}{90+110} = 0{,}55 \rightarrow 55\,\%$ |
| $\frac{60}{60+100} = 0{,}375 \rightarrow 37{,}5\,\%$ | $\frac{100}{60+100} = 0{,}625 \rightarrow 62{,}5\,\%$ |

La media de los porcentajes es:

$$\frac{44+40+28+45+37{,}5}{5} = 38{,}9\,\%$$

$$\frac{56+60+72+55+62{,}5}{5} = 61{,}1\,\%$$

Se puede decir, pues, que para este grupo de personas no se cumplen los datos de la noticia.

**44** Silvia ha visto esta información en el periódico.

## La batalla de las cadenas de televisión se extiende a los móviles

**Principales aplicaciones**

| Nombre | MITELE | CONECTA | +TVE | TOCKIT |
|---|---|---|---|---|
| N.º de descargas | 1 500 000 | 1 000 000 | 100 000 | 100 000 |

**Usuarios que tuitearon sobre televisión durante 2013.**

En millones

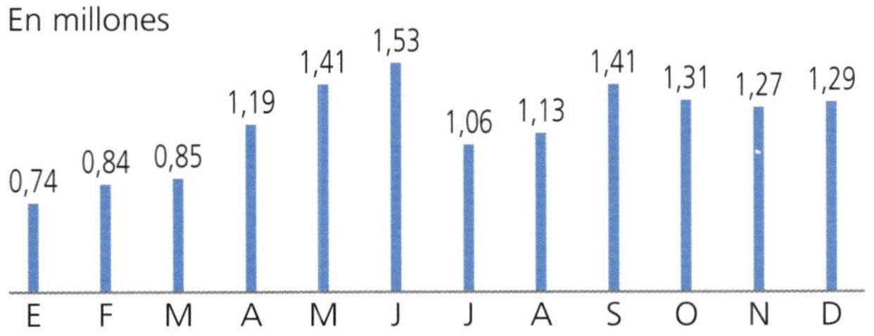

Fuente: elmundo.es

a) Construye un diagrama de barras con el número de descargas.

b) ¿Cuál es el mes en el que se dio un mayor tuiteo?

c) ¿Cuál es la media de usuarios que tuitearon sobre televisión durante ese año?

d) ¿Qué porcentaje de usuarios no tuitean sobre televisión?

e) Realiza el polígono de frecuencias para los usuarios que tuitearon ese año.

**45** Mario ha encontrado estos gráficos en una página de Internet.

## Accidentalidad en las carreteras en Semana Santa

**Fallecidos y accidentes mortales**

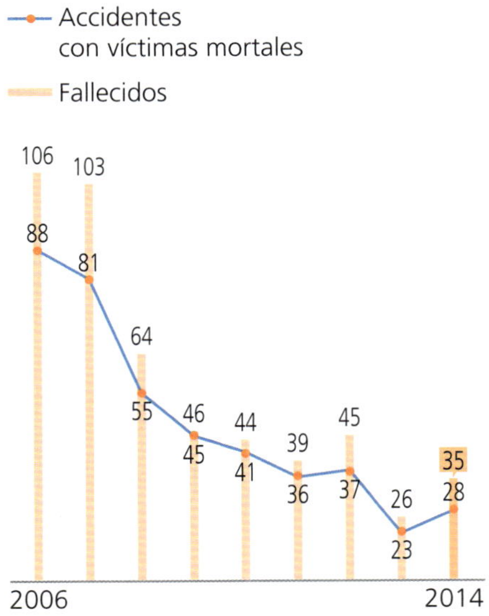


**Fallecidos según el tipo de vía**

Número de víctimas

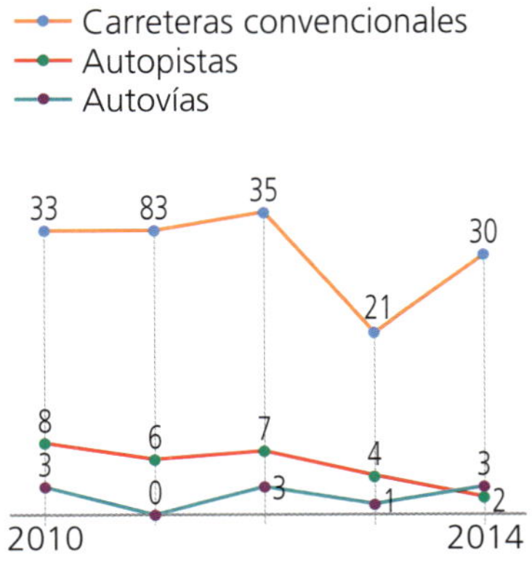


Fuente: elpais.es

a) ¿Cuál es el año con más accidentes mortales? ¿Y con mayor número de víctimas?

b) ¿Cuál es el tipo de vía con más accidentes?

c) Dibuja un diagrama de sectores con el reparto de los 35 accidentes según el tipo de vía en el año 2014.

d) En julio de 2006 se instauró en España el carné por puntos. Analizando el gráfico, ¿crees que esta medida ha tenido algún efecto en el número de accidentes? Justifica la respuesta.

**46** Analiza las siguientes informaciones y explícalas. **ANALIZA**

a) La media de hijos en España es de 1,7 hijos.

b) La policía sanciona cada día a 20 personas en la ciudad por aparcar mal.

# ¿QUÉ tienes que saber?

**Se ha preguntado a 30 conductores sobre el número de veces que han echado gasolina en el último mes. Los resultados han sido los siguientes:**

**3 3 2 2 3 4 3 4 2 4 1 3 0 2 3 3 1 3 3 4 2 3 1 1 3 4 2 2 0 3**

## Ten en cuenta

- La **frecuencia absoluta** de un dato es el número de veces que se repite.
- La **frecuencia relativa** de un dato es el cociente entre su frecuencia absoluta y el número total de datos.

## Tablas de frecuencias

**a) Construye una tabla de frecuencias con los datos.**

| **Datos** | 0 | 1 | 2 | 3 | 4 |
|---|---|---|---|---|---|
| **Frecuencia absoluta** | 2 | 4 | 7 | 12 | 5 |
| **Frecuencia relativa** | $\frac{2}{30} = 0{,}07$ | $\frac{4}{30} = 0{,}13$ | $\frac{7}{30} = 0{,}23$ | $\frac{12}{30} = 0{,}4$ | $\frac{5}{30} = 0{,}17$ |

## Ten en cuenta

- Un **diagrama de barras** es un gráfico en el que se representa sobre cada dato de la variable una barra cuya longitud es la frecuencia absoluta de ese dato.
- Un **diagrama de sectores** es un gráfico en el que se representan los datos en un círculo dividido en sectores circulares cuya amplitud es proporcional a la frecuencia absoluta del dato representado.

## Gráficos estadísticos

**b) Representa los datos en un diagrama de barras y en un diagrama de sectores.**

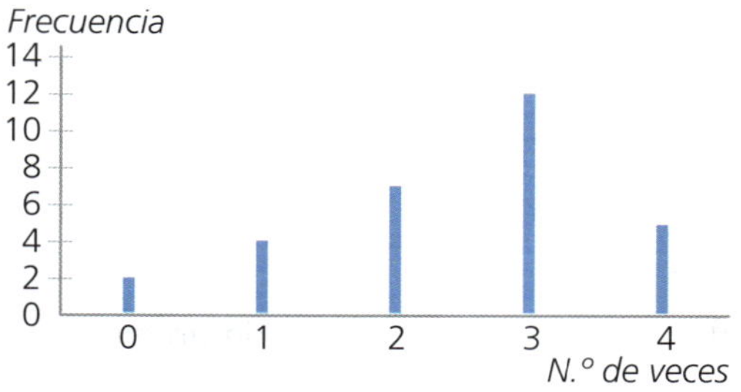


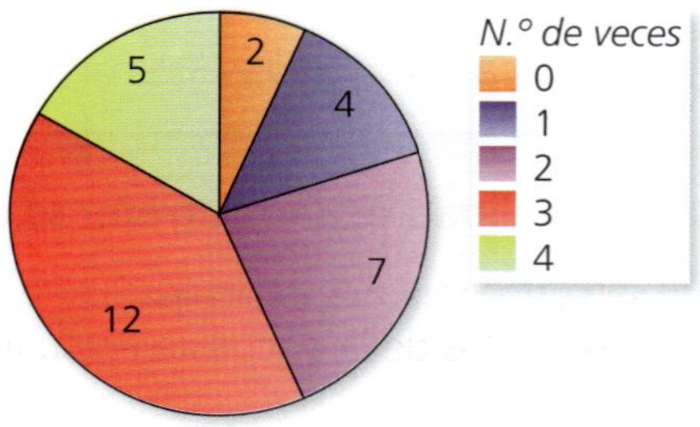


Si es posible unir los extremos superiores de cada barra, formamos el polígono de frecuencias.

$$\frac{x}{360} = \frac{12}{30} \rightarrow x = \frac{12 \cdot 360}{30} \rightarrow x = 144°$$

## Ten en cuenta

- La **moda** de un conjunto de datos es el dato que tiene mayor frecuencia absoluta.
- La **media aritmética** de un conjunto de datos es la suma de todos los datos dividida por el número total de datos.
- El **rango o recorrido** de un conjunto de datos es la diferencia entre el dato mayor y el menor.
- La **mediana** de un conjunto de datos es el valor que ocupa la posición central una vez ordenados los datos.

## Moda, media, rango y mediana

**c) Calcula el valor de la moda, la media, el rango y la mediana.**

En la tabla de frecuencias, añadimos una columna con el producto de cada dato por su frecuencia absoluta y sumamos luego los resultados.

| Dato | Frecuencia absoluta | Dato · frecuencia absoluta |
|---|---|---|
| 0 | 2 | $0 \cdot 2 = 0$ |
| 1 | 4 | $1 \cdot 4 = 4$ |
| 2 | 7 | $2 \cdot 7 = 14$ |
| 3 | 12 | $3 \cdot 12 = 36$ |
| 4 | 5 | $4 \cdot 5 = 20$ |
| **Total** | 30 | 74 |

- Moda = 3 veces
- Media = $\frac{74}{30} = 2{,}5$ veces
- Rango = $4 - 0 = 4$
- Mediana: como hay un número par de datos, hallamos la media de los datos que ocupan los lugares 15 y 16.

0 0 1 1 1 1 2 2 2 2 2 2 2 3 **3** **3** 3 3 3 3 3 3 3 3 3 3 4 4 4 4 4

15 datos — 15 datos

$$\text{Mediana} = \frac{3+3}{2} = \frac{6}{2} = 3$$

## Población y muestra. Variables

**47** Indica cuál es la población y, si es necesaria, una muestra en los siguientes estudios estadísticos.

a) El número de asignaturas suspensas en 1.º de ESO por los alumnos de una comunidad autónoma.

b) El número de hermanos de los alumnos de una clase.

c) El color de los ojos de los alumnos de un centro escolar.

d) El deporte preferido por los habitantes de una gran ciudad.

**48** Clasifica las siguientes variables en cualitativas o cuantitativas.

a) El color del pelo.

b) La cantidad de agua bebida en un día.

c) El número de viajes realizados el último año.

d) El tiempo dedicado a ver la televisión cada día.

## Tablas de frecuencias

**49** Jesús ha realizado una encuesta sobre los gustos de sus compañeros de clase a la hora de elegir el destino en vacaciones. Jesús ha ido anotando los resultados de la encuesta en su libreta:

Elabora una tabla de frecuencias con los resultados obtenidos.

**50** Los siguientes datos muestran el mes de nacimiento de un grupo de alumnos:

| | | | | |
|---|---|---|---|---|
| junio | diciembre | octubre | abril | abril |
| julio | enero | agosto | mayo | julio |
| diciembre | julio | abril | octubre | enero |
| febrero | octubre | mayo | julio | diciembre |
| marzo | abril | octubre | enero | enero |
| abril | octubre | febrero | enero | junio |

Organiza los datos en una tabla de frecuencias.

**51** Una variable estadística toma los siguientes datos:

0 1 0 3 1 4 1 3 5 2
2 3 0 1 4 3 5 2 1 0

Realiza una tabla con las frecuencias absolutas y relativas.

**52** Los siguientes datos son el resultado de una variable estadística.

| | | | | | |
|---|---|---|---|---|---|
| alto | bajo | alto | medio | alto | alto |
| bajo | alto | medio | alto | medio | bajo |
| bajo | medio | medio | alto | | |

Construye una tabla con las frecuencias absolutas y relativas.

**53** Estos datos muestran el grado de satisfacción de los clientes de un hotel al finalizar su estancia.

2 5 8 4 7 3 8 4 1 6
3 8 4 3 5 9 2 7 2 5
9 10 5 5 7 8 6 7 6 9

Realiza una tabla de frecuencias agrupando los datos de la siguiente forma:

| **Nivel** | Muy bajo | Bajo | Medio | Alto | Muy alto |
|---|---|---|---|---|---|
| **Grado** | 0, 1 y 2 | 3 y 4 | 5 y 6 | 7 y 8 | 9 y 10 |

**54** Se quiere identificar por edad y sexo a los usuarios de un gimnasio.

La tabla muestra los resultados obtenidos tras la encuesta.

| | **Menores o iguales que 30 años** | **Mayores que 30 años** |
|---|---|---|
| **Masculino** | 55 | 20 |
| **Femenino** | 25 | 20 |

a) Construye una tabla de frecuencias que muestre los datos de la variable estadística *sexo*.

b) Elabora otra tabla de frecuencias para los datos de la variable *edad*.

**55** Copia y completa en tu cuaderno la siguiente tabla de frecuencias:

| **Dato** | **Frecuencia absoluta** | **Frecuencia relativa** |
|---|---|---|
| 0 | 4 | × |
| 1 | × | 0,25 |
| 2 | 2 | 0,1 |
| 3 | 1 | × |
| 4 | × | 0,3 |
| 5 | × | 0,1 |
| | 20 | × |

## Gráficos estadísticos

**56** A las puertas de un centro médico se está realizando una encuesta sobre el número de veces que se ha visitado el centro para asistir a consulta en los tres últimos meses. Estos son los resultados:

| | | |
|---|---|---|
| 1 2 1 3 2 | 1 1 1 2 1 | 3 4 1 5 1 |
| 3 2 1 3 2 | 1 2 2 1 4 | 1 3 2 2 1 |

Realiza un diagrama de barras.

**57** A los 120 trabajadores de una empresa se les ha preguntado por el medio de transporte que utilizan para acudir al trabajo. La siguiente tabla muestra los resultados obtenidos:

| Tipo de transporte | N.º de personas |
|---|---|
| Autobús | 25 |
| Moto | 10 |
| Bicicleta | 5 |
| Coche particular | 45 |
| A pie | 15 |

Representa estos datos en un diagrama de barras. ¿Podemos construir el polígono de frecuencias correspondiente?

**58** En un supermercado se han producido las siguientes ventas durante una hora:

- Carnicería: 450 €
- Frutería: 275 €
- Panadería: 125 €
- Pescadería: 300 €

a) Construye una tabla de frecuencias.

b) Realiza un diagrama de barras.

c) Elabora un diagrama de sectores.

**59** El siguiente diagrama de barras refleja la respuesta de un grupo de familias a la pregunta por el número de hijos que tienen:

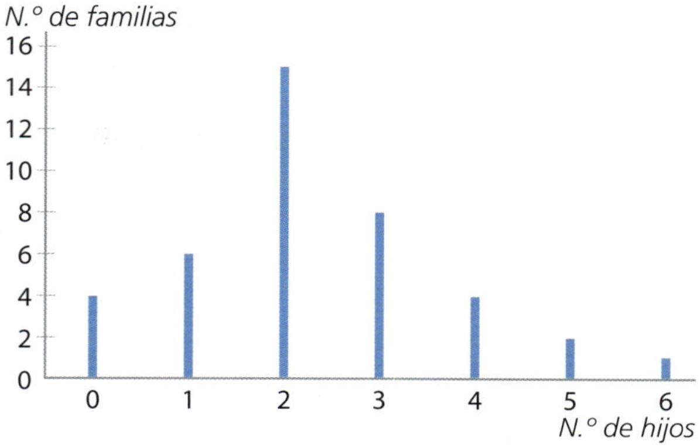


Elabora una tabla de frecuencias con los datos del gráfico.

**60** Se ha anotado el número de coches aparcados en una calle durante los siete días de la semana a la misma hora. El siguiente gráfico muestra el resultado de las anotaciones:

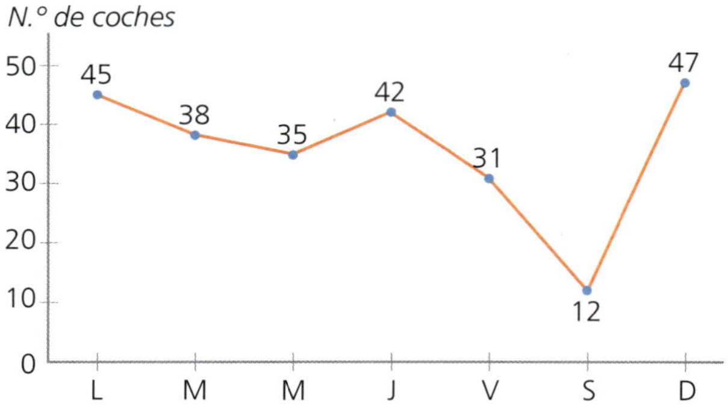


a) Indica el tipo de variable estadística.

b) ¿Cuál es la frecuencia absoluta del martes?

c) ¿Cuántos coches han aparcado en total durante la semana?

d) ¿Cuál es la frecuencia relativa del jueves?

e) ¿Qué día de la semana han aparcado más coches?

f) ¿Qué día han aparcado menos coches?

**61** Según un estudio sobre el grupo sanguíneo, el reparto entre la población es el que muestra el siguiente diagrama:

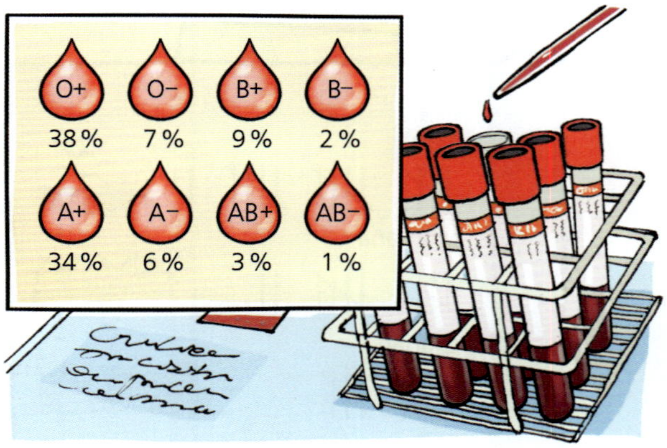


a) ¿De qué tipo es la variable estadística *grupo sanguíneo*?

b) Elabora un diagrama de sectores que muestre la variable estadística *grupo sanguíneo.*

c) Realiza un diagrama de barras para el grupo sanguíneo sin tener en cuenta el factor Rh, + o −, es decir, considera solo los tipos A, B, AB y O.

d) ¿Cuál es el tipo y factor de sangre más frecuente? ¿Y cuál es el menos frecuente?

e) Si la población de España se estima en unos 47 millones de habitantes, ¿cuántos españoles habrá aproximadamente con un tipo y factor A+?

## Moda, media, rango y mediana

**62** Halla la moda de los siguientes datos.

a) blanco, negro, blanco, blanco, negro, negro

b) 20, 27, 25, 21, 26, 22, 29, 28, 23, 24, 30

**63** Halla la media de los siguientes datos.

a) 10, 20, 10, 20, 10, 20, 10, 20

b) 5, 5, 5, ..., 5

**64** Calcula el rango de estos datos.

a) 1, 43, 78, 34, 79, 23, 94, 82, 36, 100

b) 3, 3, 3, 3, 3, 30, 300

**65** Halla la mediana de los siguientes datos.

a) 15, 18, 18, 15, 15

b) 18, 15, 15, 18, 18

c) 18, 15, 18, 18, 15, 15

d) 15, 18, 18, 15, 15, 15

**66** Calcula la media, la mediana y la moda de estas variables estadísticas.

a)

| Dato | Frecuencia absoluta |
|---|---|
| 0 | 3 |
| 2 | 12 |
| 4 | 5 |
| 6 | 6 |
| 8 | 5 |
| 10 | 4 |

b)

| Dato | Frecuencia absoluta |
|---|---|
| 1 | 6 |
| 2 | 3 |
| 3 | 6 |
| 4 | 6 |
| 5 | 4 |

**67** En un experimento se pide calcular el peso de un objeto con una romana.

Cada uno de los diez participantes ha dado un peso distinto. Estos han sido los resultados expresados en kilogramos:

5,6 5,2 5,5 5,5 5,7 5,0 5,8 5,4 5,5 5,7

Calcula la media, la mediana y la moda de los datos y elige cuál de los tres valores representa mejor al peso del objeto.

**68** En la era de la información prácticamente todo se teclea en un ordenador.

Para comprobar la habilidad con el teclado, se cuenta el número de palabras tecleadas en un minuto por un grupo de alumnos.

35 25 32 45 51 43 28 51 45 62

Calcula la moda, la media, el rango y la mediana.

**69** Las edades de las madres de los alumnos de una clase de 1.° de ESO son:

37 35 42 39 42   38 45 36 39 47

43 38 44 45 35   39 40 41 37 44

46 43 39 44 39   40 42 43 37 47

Calcula la media, la moda, la mediana y el rango.

**70** Una heladería vende conos de chocolate y de vainilla. Las ventas durante una semana han sido:

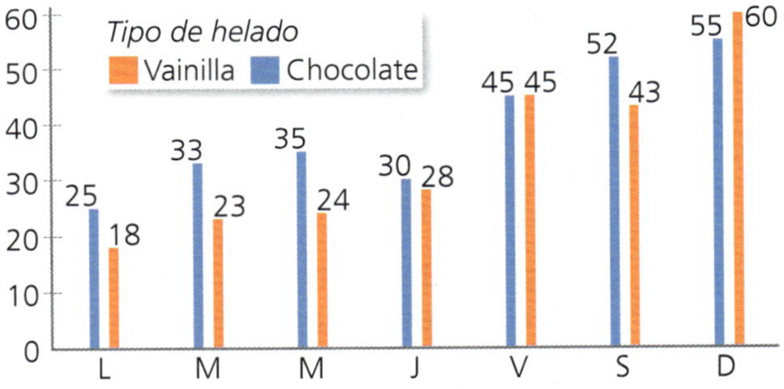


De media, ¿qué tipo de helado se ha vendido mejor en la semana?

**71** La tabla muestra las anotaciones de tres jugadores de baloncesto durante los últimos 6 partidos.

| Partido | Jugador 1 | Jugador 2 | Jugador 3 |
|---|---|---|---|
| 1 | 6 | 12 | 9 |
| 2 | 8 | 8 | 10 |
| 3 | 15 | 4 | 10 |
| 4 | 10 | 16 | 8 |
| 5 | 9 | 17 | 12 |
| 6 | 12 | 3 | 11 |

¿Qué jugador tiene mejor media de puntuación?

# MATEMÁTICAS VIVAS

Cada vez son más las personas que utilizan la bicicleta para ir a su trabajo. Esto, además de suponer un gran beneficio para la salud, mejora el medioambiente y hace más transitables las ciudades.

En el año 2011 se realizó un estudio acerca de la evolución del uso de la bicicleta durante los últimos cuatros años.

**FICHA TÉCNICA**

Técnica de investigación: entrevista telefónica asistida por ordenador.

Ámbito geográfico: España.

Universo: población de entre 12 y 79 años en el Estado español.

Número de entrevistas: 1 410 representativas.

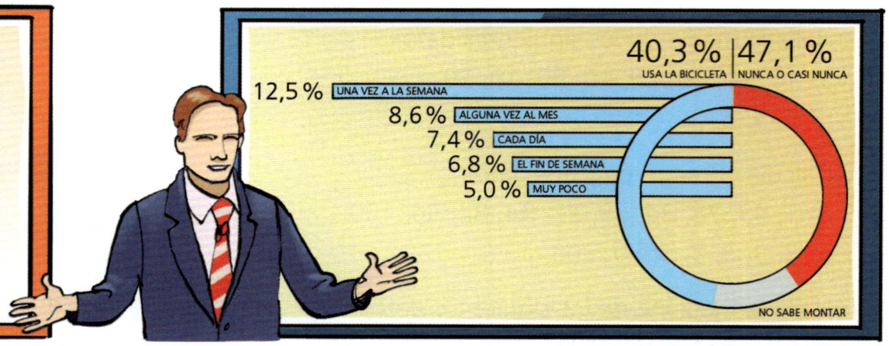


## COMPRENDE

**PIENSA Y RAZONA**

**1** **Observa la ficha técnica del estudio estadístico.**

¿Cuál es la población a la que se le realiza la encuesta? ¿Se ha utilizado una muestra en el estudio estadístico?

**2** **Observa el gráfico estadístico.**

**a.** ¿Qué grupo es más numeroso: el de personas que utilizan la bicicleta o el de personas que no la utilizan? **ARGUMENTA**

**b.** ¿Qué porcentaje de personas utilizan la bicicleta todos los días?

**c.** De las personas que sí usan la bicicleta, ¿cuál es la frecuencia de uso mayor? **RESUELVE**

## RELACIONA

**3** **Según el Instituto Nacional de Estadística, el año del estudio había en España 39 076 489 personas con edades comprendidas entre los 12 y los 79 años.**

**a.** ¿Qué porcentaje de personas que no sabían montar en bicicleta realizaron la encuesta?

**b.** ¿Cuántas personas en España se estima que no saben montar en bicicleta? **PIENSA Y RAZONA**

**4** **El estudio refleja el porcentaje de hogares españoles que tienen al menos una bicicleta.**

**a.** ¿Qué porcentaje de hogares españoles hay con al menos una bicicleta?

**b.** ¿Qué porcentaje de hogares hay sin bicicleta?

**UTILIZA EL LENGUAJE MATEMÁTICO**

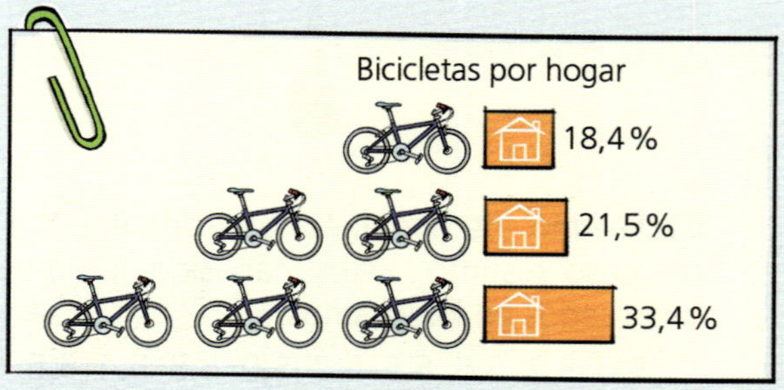


**c.** ¿Por qué refleja el estudio que una amplia mayoría de los hogares españoles tiene al menos una bicicleta y, sin embargo, solo la utiliza habitualmente menos de la mitad de las personas? **COMUNICA**

**REFLEXIONA**

**5** **El estudio sobre la bicicleta pretende crear un perfil de usuario de bicicletas en España. En estos gráficos se muestra el porcentaje de población, en azul, y el porcentaje de usuarios de la bicicleta, en naranja.**

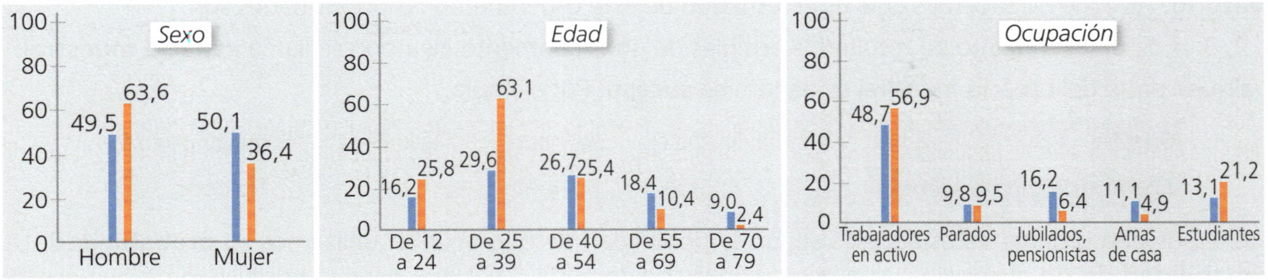


**a.** A partir del diagrama de barras que representa la ocupación, qué porcentaje del total de la población son estudiantes y usan la bicicleta.

**RESUELVE**

**COMUNICA**

**b.** ¿Cuál es el perfil del usuario de bicicletas en España?

**6** **El estudio analiza el problema relativo al lugar en el que las personas guardan sus bicicletas y detecta una variación en los resultados según el tamaño de la localidad en la que residen.**

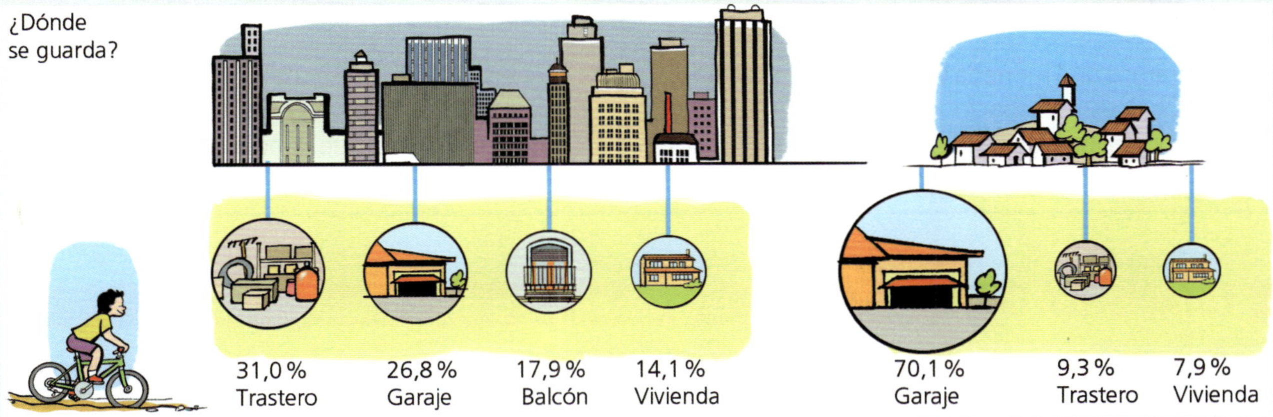


Se ha realizado un estudio estadístico similar entre los alumnos de 1.º de ESO de un centro escolar. La pregunta acerca de dónde guardan los alumnos sus bicicletas ha arrojado los siguientes resultados:

| Trastero | Garaje | Balcón | Vivienda |
|---|---|---|---|
| 13 | 84 | 3 | 8 |

¿En qué tipo de localidad de las recogidas en el gráfico se encuentra el centro escolar de la encuesta?

**ARGUMENTA**

**TRABAJO COOPERATIVO**

**TAREA**

Diseñad y realizad una encuesta sobre el uso de la bicicleta en vuestra ciudad.

## AVANZA — Probabilidad

Si tiramos un dado y observamos el resultado, este depende del azar. Estamos realizando un **experimento aleatorio.** Aunque no sabemos cuál es el resultado de este experimento las posibilidades son: {1, 2, 3, 4, 5, 6}. El conjunto de resultados posibles de un experimento aleatorio se llama **espacio muestral.**

Cualquier parte del espacio muestral se denomina **suceso.** Por ejemplo:

| **Suceso** | *Salir mayor que 0* | *Salir par* | *Salir 2* | *Salir mayor que 10* |
|---|---|---|---|---|
| **Elementos que lo forman** | {1, 2, 3, 4, 5, 6} | {2, 4, 6} | {2} | Ninguno |

Si tenemos que ordenar estos sucesos según la posibilidad de que ocurran utilizamos su **probabilidad.** La **probabilidad de un suceso** es un número comprendido entre 0 y 1 que mide la posibilidad de que ocurra este suceso. Como en este experimento todos los elementos del espacio muestral tienen la misma probabilidad de ocurrir podemos utilizar la **regla de Laplace** para calcular la probabilidad de cada uno.

La probabilidad del suceso *A* es: $P(A) = \dfrac{\text{N.° de casos favorables en } A}{\text{N.° de casos posibles}}$

| **Suceso** | *Salir mayor que 0* | *Salir par* | *Salir 2* | *Salir mayor que 10* |
|---|---|---|---|---|
| **N.° de casos favorables** | 6 | 3 | 1 | 0 |
| **N.° de casos posibles** | 6 | 6 | 6 | 6 |
| **Probabilidad del suceso** | $\frac{6}{6} = 1$ | $\frac{3}{6} = \frac{1}{2}$ | $\frac{1}{6}$ | $\frac{0}{6} = 0$ |

**A1.** Tiramos una moneda y anotamos el resultado. ¿Cuál es el espacio muestral? ¿Cuál es la probabilidad de salir cara?

**A2.** Tenemos una bolsa con 5 bolas rojas y 3 verdes. Si se saca una bola al azar, ¿cuál es la probabilidad de que la bola sea verde?

## ESTADÍSTICA CRÍTICA — Errores en los gráficos estadísticos

Los gráficos estadísticos nos informan de la realidad de unos datos, pero esta información se puede presentar de una forma sesgada.

Siempre que estudiemos un gráfico, debemos prestar especial atención a los siguientes aspectos:

- ¿Qué se representa en cada eje?
- ¿Qué unidades se han utilizado?
- ¿Qué escala se ha utilizado en cada eje?

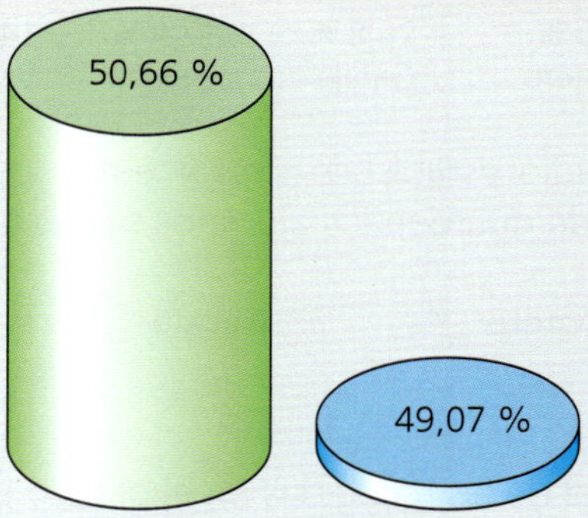


Este gráfico muestra el resultado de unas elecciones.

En este caso, no hay una escala en el eje vertical. Las alturas de las barras no son proporcionales a los porcentajes.

**EC1.** Analiza críticamente los siguientes gráficos estadísticos aparecidos en la prensa.

a)

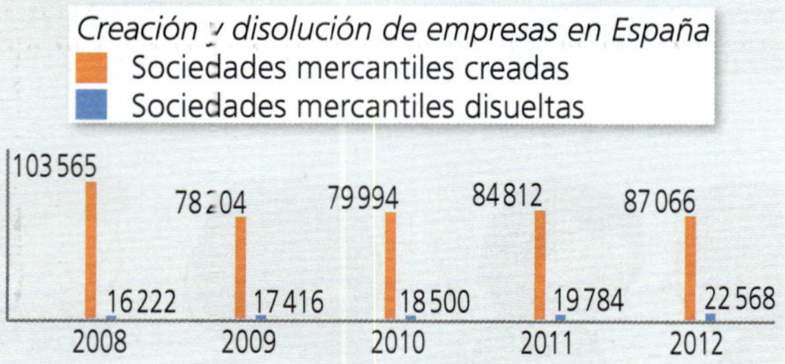


b)

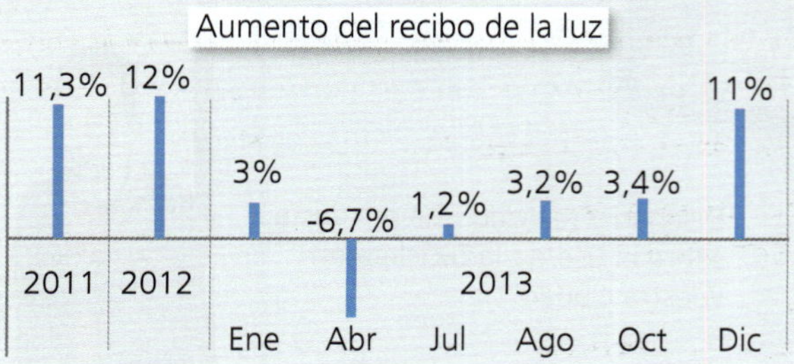